生命の歴史

進化と絶滅の40億年

Michael J. Benton 著
鈴木 寿志・岸田 拓士 訳

SCIENCE PALETTE

丸善出版

The History of Life

A Very Short Introduction

by

Michael J. Benton

" The History of Life : A Very Short Introduction" was originally published in English in 2008. This translation is published by arrangement with Oxford University Press.

Printed in Japan

訳者まえがき

本書はオックスフォード大学出版局によって企画された叢書「Very Short Introduction」の中の一冊、『The History of Life』を翻訳したものである。著者は英国ブリストル大学地球科学教室のマイケル・J・ベントン教授で、古脊椎動物を専門とする世界的に名の知られた古生物学者である。40億年にわたる生命の歴史の中で、化学物質であるタンパク質や核酸が生命として機能していく過程から、新生代のヒトの進化に至るまで、幅広い内容を網羅している。生命の誕生から真核生物の出現、カンブリア紀爆発、生命の陸上進出、陸上生態系の成立、ペルム紀末の大量絶滅、中生代の生態系、そして哺乳類とヒトの進化まで、生命の繁栄と絶滅の栄枯盛衰をひと通り学ぶことができる内容になっている。分子生物学に基づく最新の研究成果、大量絶滅に関する中国南部での検討結果など、新しい話題がふんだんに取り入れられており、決して従来的な記述に留まっていない。各章の冒頭には先人の名文が引用され、重要な科学的成果がどのような紆余曲折を経て今日の理解につながっているか、疑問文を差し挟みながら紹介する独特の語り口で記述する。最新の科学的成果が決して一夜で成り立ったものではないことを認識させられる。

原著には出版当時の最新の知見が盛り込まれているが、原著が出版された２００８年以降も、本書の内容に関わる新しい研究成果が続々と発表されている。いくつか例を挙げよう。たとえば、第2章で登場したエディアカラ生物が実は陸上性の地衣類である可能性が指摘されている（Retallack, G. J., 2013, *Nature* 493: 89-92）。第８章では猿（真猿類）のアフリカ起源説を支持する証拠の一つとしてアルジェリピテクスの化石が挙げられている。しかしその後アルジェリピテクスの奥歯以外の部分が発見され、アルジェリピテクスは実は猿ではなくて原猿の仲間であることが判明した（Tabuce, R. *et al.*, 2009, *Proc. Biol. Sci.* 276: 4087-4094）。同じく第８章にて、有胎盤類の適応放散時期に関して分子系統学と古生物学との間に見解の相違があることが述べられている。その後、本書でも登場した分子系統学者のマーク・シュプリンガーたちは解析方法を再検討し（Meredith, R. W. *et al.*, 2011, *Science* 334: 521-524）、古生物学者のジョン・ワイブルたちもまた化石記録を再検討して（O'Leary, M. A. *et al.*, 2013, *Science* 339: 662-667）、それぞれ新しい研究結果を発表した。分岐年代などは見直されているが、しかし現在もなお両者の溝は埋まっていないようだ。本書からさらに進んでこれらの分野を勉強しようと思われている読者には、ぜひこうした原著論文を読んで、日々めまぐるしく進歩する自然科学の息吹を肌で感じていただきたい。

原著はイギリス英語で書かれており、それを日本語に翻訳するにあたりさまざまな問題に直面した。英語の原文で言わんとしている内容を、なるべくかみ砕いて平易な日本語にしたつもりである。とはいえ、科学的著作には専門用語が必ず含まれる。よく使われる専門用語には定番の日本語の訳語があるが、あまり使われていない、もしくは比較的新しい概念の言葉については、日本語の定訳がないことがある。そのような場合、英語の発音をただ安直にカタカナ化して用いることがよくあるが、本書ではそれをできる限り漢字化した（たとえば、第1章の「幻影期間（ghost range）」、第6章の「平衡絶滅（background extinction）」など）。漢字はその中に意味を込めることができるので、漢字を見れば特に詳しい説明がなくても理解することができるからである。そして近年よく使われているカタカナ表記の専門用語も、本書では漢字で示したものがある（たとえば、「藍色細菌（シアノバクテリア）」、「域（ドメイン）」、「菊石類（アンモノイド類）」、「偏位（エクスカーション）」、「水和物（ハイドレート）」）。また新生代区分では、公式には使われなくなった「第三紀」の代わりに、「旧成紀」と「新成紀」を用いた。

なお本書を翻訳するにあたり、次の方々から原稿について有益なご意見を賜った。京都大学霊長類研究所の高井正成教授および松井 淳博士、朝日大学の矢野 航博士、名古屋工業大学の川井正雄名誉教授、上海在住の周 保春博士、林原自然科学博物館の鍔本武久博士、米国ノースイースト・オハイオ医科大学のハンス・テーヴィセン教授。また、中国語の発音に関しては大谷大学文学部の李 青教授から、フランス語の発音に関しては大谷大学文学部の藤田義孝准教授からご意見をいただいた。索引の編集にあたっては大谷大学文学部国際文化学科の石田貴大氏にご助力いただいた。丸善出版株式会社の米田裕美氏には、本書の編集と出版にあたってご尽力いただいた。これらの方々に感謝するとともに、本書が生命の歴史の理解に少しでも役立てば幸いである。

平成25年4月

鈴木寿志・岸田拓士

目次

序章

爬虫類の時代は終わったというべきだろう。なぜなら、彼らの時代は十分長く続いたし、そもそもまったくの誤りだったのだ。
ウィル・カッピー『絶滅の仕方』（1941年）

地球上の生命の歴史に意味を見出すことは困難である。私たちが先史時代を想い描くとき、奇妙で不思議な動植物の群れが頭に浮かぶ。ネアンデルタール人、マンモス象、恐竜、アンモナイト、三葉虫……そしてもちろん、生命がまだ誕生していなかった時代、もしくは少なくとも原始の海を浮遊していた顕微鏡で見なければわからないほど小さく単純な生物たちだけの世界についても。

このような想像はどのようなところからくるのだろうか。今の子供たちは恐竜の本をながめて育ち、テレビや映画の中で生き生きと動き回る恐竜の映像に囲まれている。子供たちの多くは同様に、海岸の崖や石切り場へ出かけてアンモナイトや三葉虫の化石を自ら採集したことがあるだろう。こういった普通の化石に加え、数百万年経っても今なお光り輝く鱗がすべて残っている極上の魚の化石のように、さらに人目を引く美しい標本がデパートなどで売られているし、そのような化石の写真が雑誌やウェブサイトに惜しみなく掲載されている。

恐竜は現代文化の中でたびたび登場するものの、人類の出現よりもずっと昔に生きていたことをほとんどの人が知っている。そして恐竜がいた時代より前にも考えられないほどの長い時間が存在し、珍しく奇妙な動植物たちが常に生きていたのである。こういったことすべてに、意味を見出すことがはたしてできるだろうか。

化石

生命の歴史をひも解くための鍵は化石にある（図1）。「化石」とは、かつて生存していた植物、動物、微生物の遺骸が現在まで保存されたものをいう。化石の一般的な例としては、文字通り石と化したもの（石化物）が挙げられる。石と化した生物遺骸には二通りの保存のされ方がある。一つ目は、まさに石と化しているもので、元来の生物体は残されていない。木の葉や木の幹、貝殻、ミミズなどの体は完全に消えてなくなっており、生物がいた空隙に砂や泥の粒

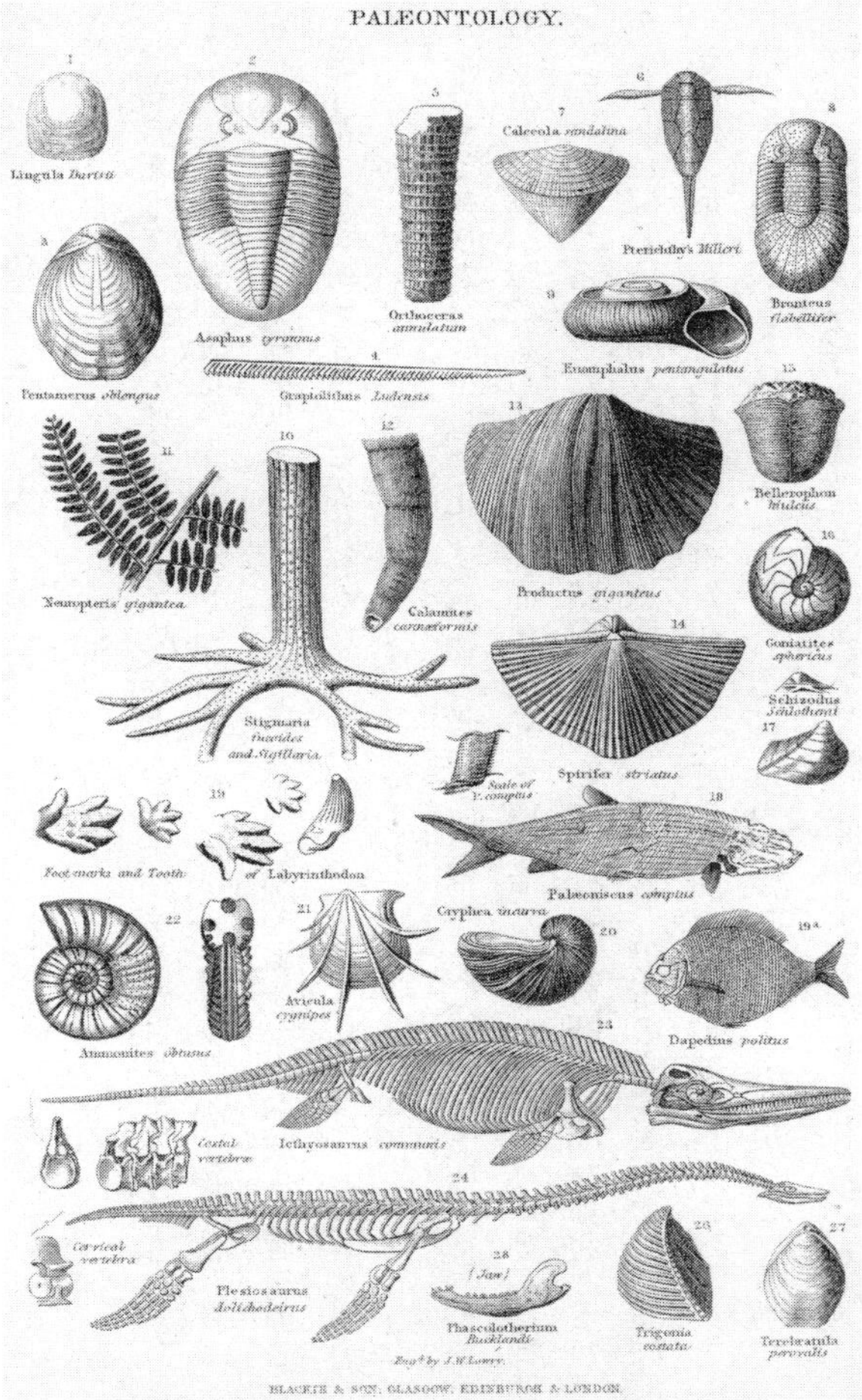

図1　ヴィクトリア朝中期の教科書に示された化石の図版．上のほうに三葉虫が，中ほどに上部石炭系挟炭《きょうたん》層からの植物化石と腕足《わんそく》動物が，下のほうにアンモナイト（菊石類），魚類，魚竜，首長《くびなが》竜などが示されている．

子が入り込み、生物の体と置き換わっている。もしくは、その空隙に周辺の岩体から流れてきた地下水中の鉱物がしみ込んでいき、そこで結晶化して生物体と置き換わることがよく起こる。

二つ目として、動物の体を構成していたものの一部がまだ残されている例もしばしば見られる。たとえば貝殻を構成する炭酸カルシウムであったり、植物の表皮や炭化物が挙げられる。岩石粒子や鉱物は空隙を埋めているだけである。したがって多くの人は、4億年前の三葉虫や2億年前のアンモナイトなどの化石が、生きていたときと同じ炭酸カルシウムの外骨格や殻をもっていることを知って驚くだろう。同じように、多くの恐竜の骨に生きていた当時の燐酸カルシウム（燐灰石《りんかいせき》）――鉱物化した動物の骨の主成分――が今日まで保持されているのである。もしルーペでこれらの化石の表面を拡大して観察するならば、たいへん細かな特徴を見ることができるだろう。たとえば、三葉虫の殻の表面には特有の凹凸や成長線があるし、アンモナイト殻には七色に光るもともとの真珠層が残っている。恐竜の骨の表面には、筋肉痕やかみつかれた歯形がある。化石の殻や骨を切断し、その断面を顕微鏡で観察すれば、もともとの成長縞や内部構造がまだ残されているだろう。恐竜の骨の断面は、現在生きている動物の骨の断面を見ているかのように新鮮に見える。

しかし、かつて生きていたすべての動植物が化石になるとは限らない。もし仮に地球表面の至るところが、恐竜の骨、三葉虫、巨大な石炭の森、アンモナイトなどの化石で埋め尽くされたならば、まさに月まで届いてしまうだろう。はたしてどれくらいの割合で生命が化石となるのか、誰にもわからないが、1パーセントよりはるかに小さな確率であることは間違いない。少なくとも動植物の体に骨、殻、木の幹などの硬い部分がなければ、簡単には保存されない。ただし、たとえ硬い部分をもっていたにせよ、動物の死骸や倒れた植物はすぐさま食物連鎖の中に組み込まれていく。ほかの動物の餌となったり、細菌によって分解されてしまう。死んでしまった生物が化石になることができるのは、深い湖の底や河川の中州、または水流や潮汐によって常にかき回されることのない深い海の中など、生物体の上に砂や泥が堆積する場所だけである。

ミミズや羽毛恐竜の化石——状態のよい「化石保管庫」

化石の中には、時に古代の生物について他では得られないような予想外の洞察を与えてくれる非常によい保存状態のものがある。そのような化石は、状態のよい「化石保管庫」から産出する。特殊な条件下で保存された化石では、肉、目、胃の内容物、羽毛、毛などの、体の柔らかい部分までもが残っている。そのような化石の産地は、時に過去の生命への「扉」とよばれることがある。化石を研究する科学者である古生物学者にとって、ある時間のある場所に存在していたすべてのものを把握することのできる場所である。通常の条件下ではほとんど保存されないようなミミズやクラゲといった柔らかい体のみの生物の化石を見ることもできる。

カナダのバージェス頁岩《けつがん》は、そのような化石保管庫の中で最も有名なものの一つである。バージェス頁岩は5億5００万年前の岩石で、いくつかの最古の動物が保存されている。バージェス頁岩やグリーンランド、中国の同じ時代の似たような化石産地がなければ、古生物学者たちは殻や骨格をもつ生物、たとえばホオズキガイ（ランプ貝）、三葉虫、カイメンなどしか知らなかったに違いない。バージェス頁岩からの化石の発見によって、カンブリア紀の生物についての知識が何倍にも増えた。たとえば、ミミズのような蠕虫《ぜんちゅう》の仲間のすべてが解き明かされた。水中を泳ぐ種類や地中に穴を掘って生活する現在のゴカイやミミズに通じる一群もあれば、かなり特殊で現在の動物には結びつかないものたちもいたことがわかった。バージェス頁岩からは、さらに三葉虫の毛の生えた脚、エラ、口蓋《こうがい》、消化管、感覚器が示されたし、原始的な背骨をもち、私たちの祖先に近いオタマジャクシのような遊泳動物も発見された。

同様に有名な化石保管庫が中国北東部の遼寧《リャオニン》省にある。そこには1億25００万年前の地層が分布し、羽毛や内臓までが保存された鳥や恐竜の化石が発見されることで注目を集めてい

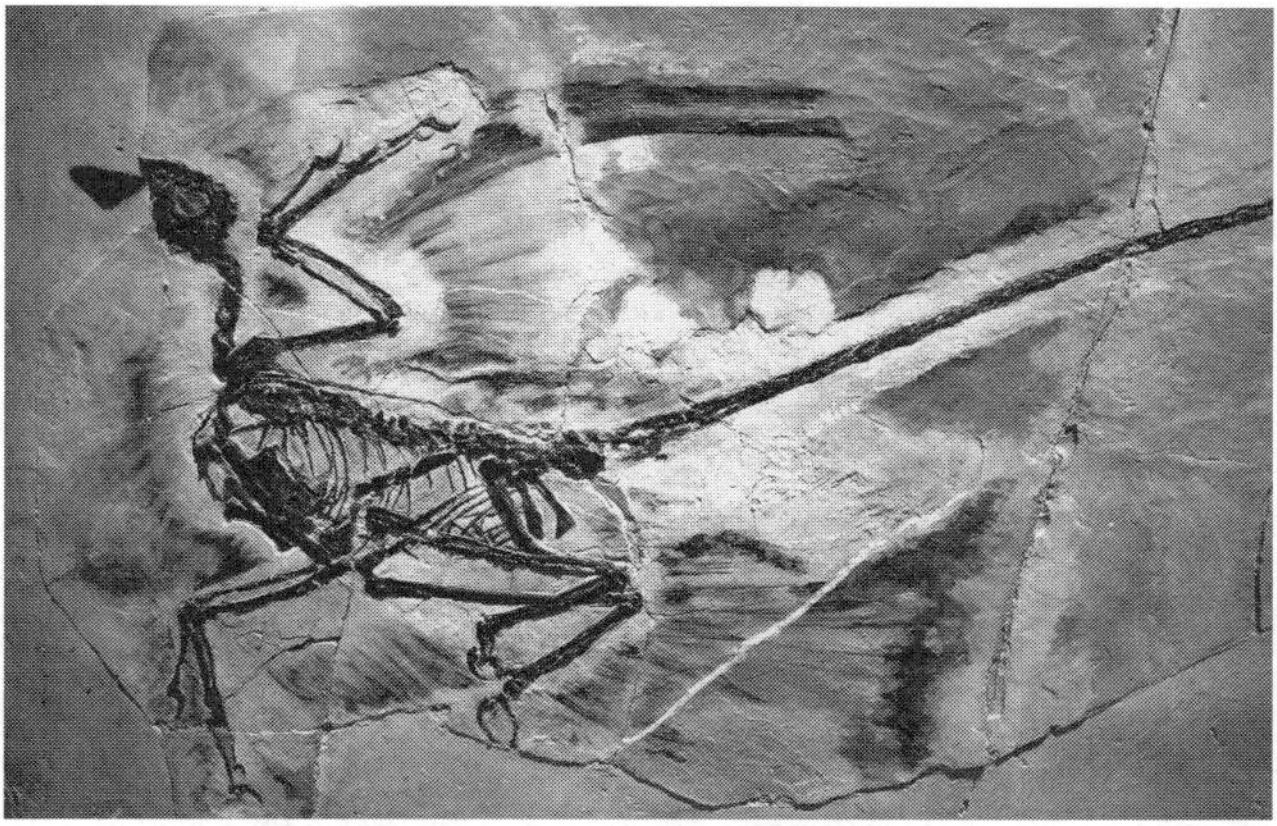

図2　中国遼寧省の下部白亜系から産した非常に良く保存された小型恐竜，ミクロラプトル（小盗竜《しょうとうりゅう》）の標本.

る。さらに毛の生えた哺乳類、エラや腸が保存された魚、数えきれないほどのミミズやゴカイの仲間、クラゲ、その他の柔らかい体の生物たちが、古代の中国の湖成層から発見されている(図2)。

数十におよぶこのような特別な化石保管庫が、時代や場所に関係なく世界中に分布している。しかし、なぜこのような化石保管庫が存在するのだろうか、またどのようにして軟体部が保存されるのだろうか。これらの場所の多くは、酸素の供給が限られた時代と場所に由来する。たとえば、藻類や水面の植物が異常発生すると、深い湖底や深海底では水中の酸素濃度が通常値より下がってしまう。こういった状況は暖かいときに生じ、一時的に湖や海の水が撹拌されなくなって停滞する。そのよどんだ水は、遊泳生物や泥底を這い回る動物を死に追いやる。酸素の欠乏状態下では、通常の腐肉食動物さえも生きられないので、動物の死んだ後の肉さえもそのまま残った。

実験的研究によれば、貧酸素や無酸素の条件下では、筋肉、内臓、目玉といった柔らかい部分であっても、動物の体液や周辺の堆積物からもたらされた鉱物成分によって侵されていく。この現象は瞬時に鉱化する典型的な例であり、筋肉繊維、エラや胃の複雑な組織は、多くの場合、数時間から数日で鉱物に侵され置き換えられていく。一度鉱化してしまえば、軟体組織の複製物は現在まで保存される。

飛行船生物？　化石はどこまで真実を語るか

私はときどき、そもそも化石記録は情報を正しく伝えているのだろうかと夜中にベッドの中で悩むことがある。きっと、ほとんどの古生物学者もそうだろう。チャールズ・ダーウィンは地質記録の不完全性について記し、ほとんどの生物が化石となって残されないし、それゆえ、古生物学者が過去の生命についてどれほど多くのことを見逃しているかをよく理解していた。その際に問題となるのは「どれほど多くの古生物が見逃されているのか」、「それは50パーセントなのか、90パーセントなのか、はたまた99・9999パーセントなのか」ということである。もちろん、それを把握することは決してできない。おそらく現実的な問いとしては「化石記録がどれほどの適切な結論を導くだろうか」だろう。

古生物学者たちは、絶滅した未知の生物がすべての分類群にわたって存在するだろうと考えてきた。しかしもし仮に、かなりの軽量物質で体ができており、空気よりも軽い気体で満たされた大きな袋をもつような浮遊動物たちが繁栄していたとしたらどうだろうか。そのような生物は体長何メートルにも達し、第二次世界大戦時にしばしば利用された飛行船のような大きさだっただろう。この飛行船生物は地球上の至るところに生息していたが、あまりにも大きかったため、化石として保存されることがなかった。体を構成する組織はあまりにも軽かったので、死んだ後は完全に腐ってなくなってしまった。その生物の浮き袋は破裂してしまい、朽ちていく過程で消え去ってしまった。大気中に住むような生物では、どんな場合でも死んだ後の体は地表や海面へと落ちていき、死体が堆積物に覆われることはほとんどなかったのではなかろうか。

この例のような仮説の生物を発見する手立てを、古生物学者はもっていない。しかし柔らかい体の生物はもちろん存在していた。たとえば、細長い体をもつ蠕虫の仲間として、線虫類、扁形動物、腹毛類、ホシムシなどの多くの「門」、もしくは分類群が挙げられるが、これらは化石としては知られていない。けれども、これらの動物は現在生きており、殻や骨格をもつ他の動物との進化系統を確かめることができるので、どれほどの化石記録が欠如しているかわかっている。もし柔らかい体の蠕虫が、殻をもつある種の蠕虫と最も近縁ならば、両者は同じ期間生存していたに違いない。両者に共通の祖先はある時代には生きていたし、殻をもつ種類の化石記録は両者の生存していた最短期間を表しており、それより長い期間存在していた可能性がある。柔らかい体の種類のように、見つかっていない化石記録は「幻影期間」とよばれ、その欠如した化石記録は、部分的に予測可能である。

すばらしい保存状態の化石保管庫は、私たちに何を教えてくれるだろうか。もし化石保管庫において、当時生息していた柔らかい体のみの生物と硬い部分をもつ生物たちが、多かれ少なかれかなりの数が保存されているならば、それらの生物たちは通常の化石記録を検証する判断材料となるだろう。バージェス頁岩のような古代の化石保管庫は、より現在に近い中国遼寧省の地層の場合に比べれば、未知の生物について多くの情報を私たちにもたらしてくれるだろう。実際に遼寧省の柔らかい体の生物たちは、蠕虫類、クラゲ、昆虫のように他の既知の化石や幻影期間から当時生存していたことが予測可能なものばかりである。

古生物学者は化石を地層から取り出して復元するために、かなり忍耐強く取り組んできた。何か新しいものを発見しようとするには、時代が進むにつれ、さらに多くの努力が必要だろう。新発見は１００年前のほうが、はるかに簡単だったに違いない。実際にダーウィンの時代以降、私たちの化石記録に関する知識はさほど変わっていない。１８５０年代には、古生物学者は三葉虫やアンモナイトを知っていたし、魚類や恐竜、哺乳類の化石も知っていた。一方、彼らは先カンブリア時代の最古の生命についてはまったく知らなかったし、人類進化についても多くはわかっていなかった。しかし、三葉虫も人類も恐竜の時代からは発見されていないように、他の化石についてもまったくもって意外な所から見つかることはなかったので、化石記録は多少の差はあれ、よく理解されていたといえる。私たちの今の研究は、詳細部分を肉付けしているにすぎない。

しかし、巨大な飛行船生物については、未だ何も語られていない……。

分子と生命の歴史

ここで分子生物学について紹介することは意外と思われるかもしれない。しかし、まさに歴史家が発掘品と古文書の両方の証拠から歴史を組み立てるようなことが、生命史の研究にも当てはまる。１９６０年代までは化石しかなかったものの、それ以降は生体分子も扱うようになった。もっとも、当時多くの古生物学者は気が進まなかっただろうが。

１９６２年にエーミーレ・ツッカーカンドルとライナス・ポーリングが発表したすばらしい論文の中で「分子時計」が考案された。ただしそれはあまり人目につかない会議録に掲載されただけであった。分子生物学はそれより10年早い1953年に、ジェームス・ワトソンとフランシス・クリックが、遺伝子を構成し遺伝情報の基となる化学物質である、デオキシリボ核酸（DNA）（英語のdeoxyribonucleic acidの略）の構造を発表したときに誕生した。1963年までに血液中で酸素を運び血を赤くするヘモグロビンをはじめとする複数のタンパク質の詳細な配列構造が明らかにされ、新世代の分子生物学者たちはそれまでとは違う研究に注目した。動物の種が異なれば、タンパク質は同じではなく、近縁ではない種の間ではタンパク質の構造はさらに異なっている。例を挙げれば、ヒトとチンパンジーのヘモグロビンはよく似ているが、サメのヘモグロビンとは大きく異なっている。

ツッカーカンドルとポーリングは、当時のまだ限られた証拠に基づいて大胆な考察をした。それは、タンパク質の構造の違いが時間とともに大きくなるということであった。ヒトとチンパンジーのヘモグロビンに見られるわずかな違いは、地質学的にいえば、ほんの少し前に両種が分岐したことを示している。それに対して、ヒトとサメのヘモグロビンの違いは79パーセントに達し、4億年以上も前に両者の祖先が分かれたことを示している。

1960年代ではまだタンパク質のアミノ酸配列解析は骨の折れる仕事であり、新しいデータはそうすぐには増えていかなかった。しかし1967年までにはヒトと大型類人猿のヘモグロビン構造が十分に解明され、初めて分子系統樹の構築が試みられた。分子系統学の誕生である。ヴィンセント・サーリッチとアラン・ウィルソンは、アメリカの雑誌「サイエンス」の3ページの論文の中でヒトと類人猿との関係を図解し、私たちに最も近い類人猿がチンパンジーであり、その次に近いのがゴリラ、その次がオランウータンであることを示した。このことは予想からそれほど外れたものではなかったし、解剖学の研究結果から得られた関係と一致していた。この論文の中で驚くべきことは、ヒトとチンパンジーがわずか500万年前に分岐したことを示す分子時計の計算結果だった。

古生物学者たちは困惑し、衝撃を受けた。ほとんどの古生物学者はこの新しい手法を受け入れようとしなかった。なんといっても、そのようなおかしな結果を導く分子時計は、明らかに使えないと思ったからだ。アフリカの中新統からプロコンスルなどの初期の人類につながる化石が研究されていたので、皆ヒトとチンパンジーが1500万〜2000万年前に分かれたと考えていた。中にはまじめに分子時計の手法を取り上げる古生物学者もいたが、結果は同様に満足のいくものではなかった。

哺乳類のタンパク質の配列解析が進むにつれ、さらに多くの動物が系統樹に加えられた。そして霊長類以外の哺乳類の分岐年代については、分子時計の計算結果は妥当に思われた。この新しい分子年代を受け入れるか、それともすでに確立された化石記録を主張するか。このような問題に直面し、古生物学者たちは悩んだ。彼らは分子年代が正しいであろうことを少しずつ実感するようになった。より詳しい化石の研究の結果、それまでの考えが過大に評価されていたことが示された。プロコンスルやその仲間にみられたヒト的と思われた特徴は、実際にはそうではなかったのである。プロコンスルの化石はヒトやアフリカの類人猿の祖先と関連付けられているので、真の分岐年代については何も語っていないのだ。１９７０年代以降アフリカで新しく発見された化石によれば、ヒトとチンパンジーの分岐年代は少なく見積もって６００〜７００万年前であることが示された。

今や分子生物学者は「生命の樹」、すなわち遺伝分子（ＤＮＡ）の塩基配列に基づいてすべての種の関係を表す巨大な系統図に関心を抱いている。タンパク質のアミノ酸配列解析は時間がかかるし、成果は限られている。遺伝情報を司るＤＮＡはより多くの情報をもたらしてくれるし、１９８０年代に発展してきた新しい手法でその塩基配列解析がほぼ自動化された。今日では大量のデータをコンピュータが処理できるので、多くの遺伝子からなる長大な遺伝情報を、数十種もしくは数百種に対してさえ解析が可能になった。それにより、種間もしくは広い生物の範囲に対して類縁関係を論じることができるようになった。たとえば、トカゲの仲間20種の全遺伝情報（ゲノム）を比較して、およそ１０００万年間にわたる進化系統樹を編むことができる。また同様に、たとえば、ヒト、サメ、軟体動物、樹木、細菌などの、あらゆる生物から20種を選んで分析し、さらに古い時代へとさかのぼって系統関係を論じることができるようになった。

しかし、こういった現生生物の分子解析の中で、化石はどこに位置付けられるだろうか。

分岐分類学

私が初めて学術大会に参加したのは、まだ学部学生の頃だった。1976年にロンドン大学での脊椎古生物学および比較解剖学の部会に参加したときのことを、不思議にいつも思い出す。頑固な主張者が何か分岐分類学ということに関して、あれこれと激しく口論しているのを怖々と見ていた。分岐分類学については大学の授業では習わなかったし、それまで聞いたことがなかった。ある研究者は、皆がこの新しい手法を用いるべきだと熱烈に歓迎していた。一方で、他の研究者は、まったく意味がない、マルクス主義者が科学手法をひっくり返そうと企てるようなものだ、と言っていた。私は疲れ果て、帰りの列車の中で、プロの古生物学者になろうと決めたことが間違いだったのではなかろうかと思った。皆狂っていたのだろうか。

いろいろと調べてみると、分岐分類学はドイツの昆虫学者ウィリ・ヘンニッヒによって提唱されたということがわかった。彼は1950年代に分岐分類学の手法について書いているが、その本が英語に翻訳され1966年に再版されてから、ようやく人々の注目を集めるようになった。ただし1966年から1980年までの間は、分岐分類学が主流になることはなく、わずかな一部の信奉者によってのみ支持されていたにすぎなかった。ヘンニッヒは、生命の樹に関心のある生物学・古生物学の「分類学者」たちが、皆それぞれの分類においてもっと客観性をもたせるべきだと熱く主張した。

ヘンニッヒが活躍する以前には、分類学者は生物の特徴をその都度吟味して樹状図を作成していた。生物学的な「形質」とは、ある生物に見られるあらゆる特徴のことである。たとえば、「羽をもっている」、「4本指である」、「真珠光沢を放つ青羽を頭のてっぺんに生やす」、「それぞれの茎に複数の頭状花が開く」などである。もし二つの生物がある形質を共有しているならば、それらの生物は互いに関係が深いと考えられるだろう。常に問題となるのは「収斂《しゅうれん》(相近)」現象である。類縁関係の遠い生物が似た特徴をもつように個別に進化する例がよく知られている。昆虫、鳥、コウモリはいずれも翼をもつが、これらの動物が近縁関係にあるという証拠がこれまでに示されたことはない。すなわち、これらの動物の翼は解剖学的な構造がまったく異なっており、それぞれが独立して飛ぶという同じ目的のために翼を発達させてきた。しかし分類学者はどのようにして収斂を進化的に同等な共有形質と見分けられたのだろうか。

「真の共有形質を収斂から見分けるためには客観的な手法が必要であるが、受け継がれた原始的形質を、枝分かれしたことを示す形質と区別することもまた必要である。」——これがヘンニッヒの見方だった。確かにヒトとチンパンジーが共に「手に5本の指」をもつことは正しいが、この形質は両種の分岐点を知る上では役立たない。事実、陸上で生活する（していた）すべての脊椎動物（たとえば、トカゲ、ワニ、恐竜、ネズミ、コウモリ、クジラなど）は、基本的に5本の指をもっている。ヘンニッヒは、解剖学的な特徴が進化の中で特有である（収斂していない）こと、そしてその形質が利用される前に系統樹の中で正しく位置付けられること、を評価基準に定めた。彼はそのような形質を「共有派生形質」と名付けた。（ヘンニッヒの文章はどんな言語であっても重厚で、また彼は長い用語をつくるのを好んでいた。いずれも彼の強い主張を示すものだった。）

ヘンニッヒの共有派生形質の概念は、多かれ少なかれ古典的な「相同」の考えに通じるところがある。すなわち、共通の祖先をもつがために共通の基本構造をもつ形質のことで、例として、ヒトの腕、コウモリの翼、クジラの胸ビレを挙げることができる。これらの前肢は、現在では異なる機能をもつようになったが、すべて内部に同じ骨と同じ筋肉が存在している。そして今ではそれらが最古の哺乳類の前肢から受け継がれて進化してきたものであることがわかっている。

1970年代以降、分類学者はそれぞれの研究の中でしだいに分岐分類学を取り入れるようになってきた。そしてついに皆が使うようになったのである。過去の分類手法はまさに偏った推論にすぎなかった。分岐分類学が受け入れられた理由は、ヘンニッヒが予想していたものではなかった。コンピュータの処理能力が発達し、利用しやすくなったことが大きな理由だった。分岐分類学の奥義は、対象となるすべての種を挙げて、それらの形質を符号化する「形質行列」にあった（形質が存在すれば1を、存在しなければ0を当てはめる）。コンピュータを用いた行列の複数回の比較検討と解析の繰り返しは、データを最もよく説明する樹状図はどれか、そして共有派生形質が正しく与えられているかどうか、を評価する統計的な手法となった。実際には多くの問題が生じたものの、分岐分類学の手法はどこでも使え、複数の研究者によって解析が繰り返されることで、発表された樹状図（系統図）が正しいか、間違っているか、再確認することが可能になった。

未来への大きな躍動

研究者たちは、１９６０年代以降、古生物学の研究分野が自己変革してきたことに気付いている。しかし一般の人々の関心は、宇宙開発競争、遺伝子工学、コンピュータ技術、超微小科学、世界規模の変動など、別のところにあった。そんな中でも分岐分類学と分子系統学は、新たな正確さを進化系統樹の構築にもたらしてきた。１９５０年代と60年代に、古生物学者は類似点の見られる生物を時間軸の中で関連付けるようにして系統樹に点を打つことに最大限の努力を払ってきた。しかし、今日ではさまざまな生物群について個別に得られた系統樹が多く存在する。一方では遺伝子の比較に基づいているし、他方では化石と現生生物の解剖学的データのさまざまな組み合わせによっている。しかしそれらは互いに一致するのであろうか。

驚くべきことに、分子系統樹と古生物による系統樹はよく一致することのほうが多いという。この二つの研究方法は、まったく異なった手法に基づいており、たとえば、現生齧歯《げっし》類の分子解析による系統樹を、現生種や絶滅種の歯などの解剖学的特徴の測定に基づく系統樹と比較することが可能である。ただし、両者を比較した結果、一致しなかったという研究報告を誰もが耳にしたことがあるだろう。分子解析の初期の頃には、不可思議な結果が出てくることがあったが、まだ手法は確立されたばかりで失敗も多かった。今やそのようなおかしな結果は稀である。進化系統樹には、古生物学者がまったく解明できない部分があるので、分子解析が明快な答えを導いてくれると、謙遜して結果を受け入れる場合がある。しかしその一方で、分解能が未だに低いので、さらなる研究が必要な場合がある。形質として見える形で表れないほど進化速度が速かったり、後の進化によって関係を知る手がかりが消されてしまうほど古い時代に分岐した場合、生命の巨大な系統図のいくつかの部分は、永遠に謎に包まれたままだろう。

第3の方法、もしくは技術的に進展した方法として、岩石の年代測定が挙げられる。196

0年代以降、年代測定の精度が格段に上がり、岩石層序や地質事件の層準が以前より正確に対比されるようになった。しかしこのことは後で考えることにして、まずは生命の物語から始めよう。

第1章
生命の起源

そして、通常すべての有殻動物は、物質の違いに応じてそれぞれが異なるように泥の中から自然に発生する。カキは粘質土の中から、トリガイをはじめ上述の他の有殻動物は砂底から生まれてきた。そして岩の空（うろ）からは、ホヤやフジツボの他、カサガイなどの一般的な沿岸の動物種が発生する。

アリストテレス『動物誌』

人々は大昔から生命の起源について興味を抱いていた。古代ギリシャ人と古代ローマ人は、このことに関して多くの考えをもっていた。ほとんどの人々は、アリストテレス（紀元前384～322年）のように、生命が自然にわいて出てくるものだという「自然発生説」を信じており、現在の生物と同様に太古の昔に生命が初めて現れたときも自然に発生したと考えた。右に引用したアリストテレスの記述のように、彼は殻をもつ海の動物は、すべて海底の泥や砂、粘質土、もしくは海岸の岩の間から自然に発生したと信じていた。アリストテレスは、また、同様な考えを他の生物についてももっていた。蛾は羊毛の衣服から、庭の昆虫は春の露もしくは朽ち木から、魚は海面の泡から、それぞれ発生すると考えていた。19世紀に至るまで、そのような考えが人々を支配していた。

ルイ・パストゥール（1822～1895年）が、生命は自然に発生することはない、ということを結論付けたのは有名な話である。彼は何度も実験を繰り返したが、雑菌が混入する可能性を完全に排除するのにたいへん苦労した。初期の研究者は、封をしたフラスコ容器に肉汁と干し草を入れて煮立てることで、容器内の肉汁と空気中の生命はすべて死滅したと考えた。しかしこのような注意を払ったにもかかわらず、顕微鏡をのぞくと肉汁中にまだ微生物が生きているのを見つけるのであった。このことに関してパストゥールは、水銀槽の中でフラスコ容器が冷やされていく過程で容器内に細菌が入り込んだと主張した。彼はガラス器具とフラスコ内の水を殺菌して実験を繰り返したが、実験室の空気が冷却過程でフラスコ内にまったく入らないことを確証できなかった。何か月もの試行錯誤の結果、フラスコ内へ外から空気が入らないように工夫することで煮沸した肉汁中に何も生物が残っていないことを確認できたのである。

地球の年齢

自然発生説が否定されたことは、1900年頃に生命起源の研究に興味をもっていた科学者のみの問題ではなかった。彼らは研究対象として、非常に古い時代の化石をまだ知らなかったし、地球の年齢についても、生命の起源より前に起こったであろう大事件についても、具体的な考えをもっていなかった。鉄はごく普通にある元素の一つなので、当時、地球は何か巨大な鉄の玉のようなものだったという考えが広がっていた。その鉄の玉は、かつて溶けていた時代があり、それが冷やされてきたと考えられた。実際にヴィクトリア朝後期の著名な物理学者であったウィリアム・トムソン、後のケルヴィン卿（1824〜1907年）は、この仮説にのっとり、熱力学の知識を駆使して、地球が2000万〜4000万年前に形成されたと推定したのである。

地球の年齢が比較的若いというケルヴィンの考えは、19世紀から20世紀への変わり目に多くの人々に影響を与えた。この年齢推定は生物学者と地質学者にとって受け入れられない結果だったが、そのことは問題にされなかった。当時この年齢を主張していた物理学者は、明確な計算結果に基づいていたので迷いはなかった。たとえば、チャールズ・ダーウィンは、地球の年齢が数億〜数十億年と考えていたが、それ以上詳しい考察をすることはなかった。それでもダーウィンは、イングランドの南海岸で地層がかなりゆっくりと堆積していることを見ていた。

その地層は数百万もの薄い層からなり、単層は1年もしくは100年を示していると思われた。他の地質学者たちも同様な考えをもっていた。石灰岩や泥岩といった堆積岩が地層をなすのに要する時間の計算結果や、当初溶岩状態だった海が塩を含む水の海へと変わっていった時間の計算に基づいても、地球の年齢はもっと長いはずだった。

皮肉にも、ケルヴィンは決定的な発見がされた際にまだ存命であった。彼の地球の物理観があまりにも単純化しすぎていたことが示され、彼は自身の考えをしぶしぶ変えざるをえなかった。1896年にアンリ・ベクレル（1852〜1908年）によって放射能が発見された。それは、ウラン、ラジウム、ポロニウムなどの元素が放射線を発し、原子番号が変わることで別のものになってしまうという特性である。放射性元素は放射線を出しながら他の元素へと崩壊していく。放射性崩壊では、ウランのような親元素がトリウムのような別の娘元素へと、ある一定の時間とともに壊れていく。

放射能の発見は、物理学の世界に興奮を巻き起こし、そのわずか4年後にエルンスト・ラザフォード（1871〜1937年）とフレデリック・ソッディ（1877〜1956年）は、放射性崩壊が「指数関数的」に起こることを示し、放射性物質の量がある一定時間とともに半減することを明らかにした。たとえば、1000個のウラン原子が500個に減少するのに要する時間は、500個のウラン原子が250個に減少する場合と同じであり、それがさらに125個に減少するのに必要な時間も同じであるということである。さらに3年後、年老いてどこか気難しいところのあったケルヴィン卿に意見を求めた結果、エルンスト・ラザフォードは放射性崩壊が地質時計として利用できるのではないかと考えた。そして、もし放射性親元素の半分の数が娘元素へ崩壊するのにかかる時間（それゆえ「半減期」とよばれる）を測定できたならば、ある岩石試料中の親元素に対する娘元素の比を測定することで、岩石の年代を見積もることができるであろうとラザフォードは論じた。

ラザフォードの提案はすぐさま実行に移された。1911年当時、弱冠21歳であった若きイギリスの地質学者アーサー・ホームズ（1890～1965年）が登場し、岩石の年代を初めて測定し、論文を出版したのだった。彼が発表した年代値は、16億4000万年前（先カンブリア時代の岩石）から3億4000万年前（石炭紀の岩石）であった。これらの年代値は、現在示されている数値と大きな違いはない（図3）。地球の歴史が始まってから、全体の9割は先カンブリア時代とよばれ、カンブリア紀より古い時代を総称する。地球史の膨大な時間を表す名称としては、消極的な意味合いの強い用語であるが、すでに定着した用語であり、今や容易には変更できない。

初期のまだ荒削りな年代推定がなされた後、ホームズをはじめとする研究者たちは、年代測

世	（年前）	生物の出現
完新世		
	1万1700	ホモ属
更新世		
	259万	
鮮新世		
	533万	類人猿と人類
中新世		
	2300万	
漸新世		
	3390万	
始新世		動植物の現在の目《もく》
	5580万	
暁新世		
	6550万	
新 世		顕花植物
古 世		
	1億4600万	
新 世		
中 世		爬虫類の繁栄、鳥類
古 世		
	2億	
新 世		
中 世		球果植物、哺乳類、恐竜
古 世		
	2億5100万	
楽平世		
グアダループ世		哺乳類型爬虫類
南ウラル世		
	2億9900万	
	3億1800万	種子植物の森、爬虫類
	3億5900万	
新 世		
中 世		両生類、昆虫、植物
古 世		
	4億1600万	
プシドリ世		
ラドロウ世		魚類
ウェンロック世		
ランドヴェリー世		
	4億4400万	
新 世		
中 世		陸上への進出
古 世		
	4億8800万	
芙蓉世		
第三世		現在のほとんどの門
第二世		
テレヌーブ世		
	5億4200万	
		軟らかい体の動物、藻類
	25億	
		細菌類
	40億	
	45億6700万	

<table>
<tr><th colspan="2">累　代</th><th>代</th><th colspan="2">紀</th></tr>
<tr><td colspan="2" rowspan="14">顕生累代</td><td rowspan="3">新生代</td><td colspan="2">第四紀</td></tr>
<tr><td colspan="2">新成紀</td></tr>
<tr><td colspan="2">旧成紀</td></tr>
<tr><td rowspan="3">中生代</td><td colspan="2">白亜紀</td></tr>
<tr><td colspan="2">ジュラ紀</td></tr>
<tr><td colspan="2">三畳紀</td></tr>
<tr><td rowspan="8">古生代</td><td colspan="2">ペルム紀</td></tr>
<tr><td rowspan="2">石炭紀</td><td>ペンシルヴェニア亜紀</td></tr>
<tr><td>ミシシッピー亜紀</td></tr>
<tr><td colspan="2">デボン紀</td></tr>
<tr><td colspan="2">シルル紀</td></tr>
<tr><td colspan="2">オルドビス紀</td></tr>
<tr><td colspan="2">カンブリア紀</td></tr>
<tr><td rowspan="3">先カンブリア時代</td><td>原生累代</td><td></td><td colspan="2"></td></tr>
<tr><td>太古累代</td><td></td><td colspan="2"></td></tr>
<tr><td>冥王時代</td><td></td><td colspan="2"></td></tr>
</table>

図3　地質年代区分.

定に対する知識を改善するために懸命に仕事に取り組んだ。年代測定に関する物理化学が大幅に見直された結果、１９２７年までにホームズは地球の歴史の中で鍵となる時代の年代値を合理的にまとめることができた。ホームズは地球の年齢を16億〜30億年の間だと考えた。そして同じ年にラザフォードは34億年の年齢を示した。そして１９５０年代までに、地球の年齢は今日与えられている45億から46億年と推定された。地球の真の起源を直接年代測定することは未だ困難な状況である。なぜならば、地球ができた当時の岩石は溶解していたと考えられており、年代決定が可能な固結した当時の結晶が存在しないからである。

生命の惑星へ

地球はいつ生命の住める惑星になったのだろうか。２億年かかったのか、６億年かかったのか、いまも議論されている。多くの地質学者は6億年かかったと考えている。どちらにせよ、はじめに溶解していた地表が摂氏１００度以下に冷却しなければ、すべての有機化合物は焼かれてなくなってしまう。生命は炭素、水素、酸素から成り立っており、これらの元素は高温状態では気体のままである。生命は基本的に炭素を含む水なので、摂氏１００度以上では沸騰してしまう。

太陽と太陽系の惑星は、46億年前に気体から形成された。生まれたばかりの太陽は、周囲の気体の中へ、水素とヘリウムだけでなく少量の炭素、酸素、そして惑星の核となる金属元素を放出した。最初、地球はドロドロに溶けた塊だったが、冷えていくことで表層の地殻と内部の溶けたマントル・核に分離した。重い鉄は中心核へと沈む一方、軽い珪素のような元素は表面へ上昇した。この過程におよそ5000万年かかった後、巨大な小惑星が地球に衝突することで、月が地球から分離したと考えられている。大規模な火山噴火が地球表層の固まりかけた珪質な岩石を引き裂き、二酸化炭素、窒素、水蒸気、硫化水素といった大量の気体を放出した。地表面の温度はあまりにも高く、また地殻はあまりにも不安定で、炭素からなるいかなる生命形も存在できなかった。月面での隕石衝突孔の記録によれば、この頃、2、3の巨大隕石が地球へ落下したことがわかっている。大きな彗星や小惑星が落下し、その膨大な衝突エネルギーが海をすべて水蒸気化してしまうほどであった。したがって、生命が40億年前より早く出現したとしても、みな消滅してしまったであろう。新たにもう一度出直さなければならなかったのである。

地球表面が冷やされるにつれ、岩石質の地殻とマントル上部からなる「岩石圏」が冷却・固結し、下位の「岩流圏」の上に形成された。硬い岩石圏が形成されるにつれ、上位の地殻がマントル対流によって移動する複数の岩盤（プレート）に分割され、マントル深部からゆっくりと上昇する熱の動きが、冷たく硬い岩石圏の底まで到達すると側方へと流れていく。地球のプレート運動の厳かな旅が始まった。

地質学者は地球上で最も古い岩石を探し続けている。溶解した岩石では年代を決められないし、また非常に古い年代数値を求める場合、誤差が著しく大きくなる。それらを克服するために、常に限界に挑戦し続けている。

地球上で最古の岩体は、カナダ、ノースウェスト準州のアカスタ片麻《へんま》岩で、その年代は40億年前までさかのぼる。岩石は変成作用を受けているので、この年代値は片麻岩の元となった、さらに古い花崗《かこう》岩の年代を反映しているとみられる。同様に古いものとして、オーストラリアのジャック・ヒルズから得られた、単離した砕屑《さいせつ》性ジルコン（風信子《ふうしんし》鉱）の鉱物粒年代が挙げられ、44億年の値が得られている。この鉱物は当時本当に固体であったのか、そしてさらに水によって運ばれたのであろうか？　この報告をした研究者は、もちろんあり得ることだと主張するが、この年代に懐疑的な研究者は、ジルコンの形成後に地球は液体の水が存在できるまで冷やされたのではないかという。

最も古い堆積岩は、グリーンランドのイスア層群から報告された37～38億年前の年代のものである。このときまでに地球上に液体の水が存在したことは疑いない。イスア層群の岩石の中には、まさに水中で砂が集まって形成されたものが含まれており、砂自体はさらに古い岩石に由来する。そしてこの最も古い堆積岩に生命の痕跡が含まれるという研究報告があるが、それについては今でも議論の最中である。

初期生命の痕跡

１９９６年当時、カリフォルニア州ラ・ホーヤのスクリプス海洋学研究所の大学院生だったスティーブン・モジシスは、「ネイチャー」誌に驚くべき報告をした。彼はイスア層群の岩石から炭素化合物を取り出し、その中に生命が存在した確かな化学的兆候を見出したと主張した。彼は、炭素の一形態である石墨《せきぼく》の微粒子を分析し、通常見られない炭素12（^{12}C）の高い比率を検出した。炭素原子には二つの安定同位体、質量数12の炭素（炭素12、^{12}C）と質量数13の炭素（炭素13、^{13}C）が存在する。これら2種類の炭素同位体の比は、かつて生息していた生物が残した有機物の有無を示している。炭素13に対して炭素12の割合が高い場合、光合成生物もしくは光合成生物を食べる生物の存在が示唆される。モジシスは自信をもって生命を同定したとし、次のように述べた。「私たちの示した証拠によって、遅くとも38億５０００万年前には地球に生命が出現したことに、疑念の余地がなくなった。しかし、これで話が終わったわけではない。私たちは、これよりも早い時期に生命が存在していたことを示していくだろう。」

この解釈が正しいとすれば、イスアの岩石に含まれる石墨が38億５０００万年前に光合成が行われていたことを証明する結果になる。「光合成」は、植物が太陽光からエネルギーを得て食物へと変換する過程であり、二酸化炭素と水から酸素（通常気体として排出される）と糖（植物の体を構成する）をつくり出す。この地球史の早い時期において、光合成生物は樹木や花ではなかったものの、おそらくは藍色細菌（藍藻《らんそう》、シアノバクテリア）のような単純な微生物だっただろう。

ある研究者は、この解釈に対して激しく反論した。たとえば、イスアの石墨が、この地域の堆積岩の中からではなく、変成岩の中から得られたものだということを指摘している。確かに、イスアの堆積岩では石墨の含まれる割合が比較的低い。したがって、イスアの石墨は生物とは無関係で、おそらく炭酸鉄の熱によって二次的に形成されたものだという。批判者の一人、シアトルにあるワシントン大学のロジャー・ビュイックは、次のように述べている。「これらの岩石は地下に埋没して少なくとも3回料理されている（変成作用を受けている）。著しく圧縮され、変形し、少なくとも3度もたいへんな条件下に置かれたのだ。」

イスアの石墨は、今でも初期生命の証拠として扱われ、議論は白熱したままである。しかし、このことを生命の起源に関する現在の理論的観点とどのように調和させられるだろうか。

生命の起源についての生化学理論

生命の起源について多くの考えが提案されているが、すべてに共通するのは、現在生きている最も単純な生物がどのように機能しているかを理解しようとしている点である。ロシアの生化学者A・I・オパーリン（1894〜1980年）とイギリスの進化生物学者J・B・S・ホールデーン（1892〜1964年）の二人の偉大な科学者は、1920年代にそれぞれ独自に生命の起源に関する近代的理論を初めて発表した。オパーリンとホールデーンは、いわゆる生命起源に関する生化学理論の共同創始者として、それぞれ栄誉を分かち合っている。通常は、彼ら双方の名前をとってオパーリン－ホールデーン理論とよばれる。

オパーリン－ホールデーン理論によれば、生命は非常に複雑な生化学構造をつくるような一連の有機化学反応によって生じるという。初期地球の大気中に普通に含まれていた気体が、単純な有機物をつくるように化合し、それらがさらに複雑な分子へと結合していった。次にこの複雑な分子はまわりの水溶液から切り離され、生き物としてのいくつかの特質を得るに至る。その生き物は栄養を摂取できるようになり、成長し、分裂し（生殖し）ていく。このオパーリン－ホールデーン理論は、1950年代までは実験で試されなかった。

1953年、当時シカゴ大学の学生で、ハロルド・ユーリー（1893〜1981年）の指導を受けていたスタンリー・ミラー（1920〜2007年）は、先カンブリア時代の大気と海洋の状態を実験室のガラス容器内で再現した。彼は水にメタン、アンモニア、水素を混ぜたものに放電し、雷光を模した火花を散らした。そして数日後、容器内に褐色の沈積物が生成しているのを発見した。その沈積物には、糖類、アミノ酸、ヌクレオチド（核酸高分子の構成単位となる化合物。たくさんのヌクレオチドが重合してデオキシリボ核酸（DNA）やリボ核酸（RNA）を形づくる）が含まれていた。すなわちミラーは、オパーリン−ホールデーン理論のうち最初の2段階を再現したことになる。材料となる元素を混ぜ合わせ、単純な有機化合物を生成させた。そして次にこれらを結合させてタンパク質と核酸の元となる物質（それぞれ、アミノ酸とヌクレオチド）を生み出した。

注意すべきこととして、ミラーが使用した混合気体（高濃度の水素とメタンを含む）が、初期地球で想定されている大気とはかなり異なっている、という批判が挙げられる。大気中の水素は地球内部から放出された混合ガスによって補充されていくが、地表付近の状態を考えれば、そのガスは一般に水素の酸化物である水蒸気（H_2O）を含むはずである。ミラーが想定した原始大気のように高濃度の遊離した水素ガスが含まれるというのは考えにくい。

1950年代から60年代にはさらに実験が行われ、ポリペプチドや多糖類といった高分子有機物の生成にも成功し、仮説は次の段階へと進んだ。フロリダ州立大学のシドニー・フォックスは、有機分子の液体が膜に包まれるような細胞に似た構造をつくることに成功した。彼がつくった「原細胞」は摂食し細胞分裂するかのように見えたので、当時大々的に報道されたが、生命活動は維持できていなかったので、生きているとはいえなかった。

オパーリンとホールデーンの古典的な生化学理論に対する近年の展開として、2001年にロンドン大学のユアン・ニスベットとスタンフォード大学のノルマン・スリープは、生命の起源が熱水にあるとする説を提唱した。この説では、すべての生き物の祖先は超好熱性細菌であり、通常ではあり得ない高熱条件下で生きる単純な生物だったという。個々のアミノ酸のデオキシリボ核酸への変化は、原始海洋の表層で液体濃縮によって起こったのではなく、むしろ活火山に付随する熱水の中で起こったと考えられる。現在の地球上に2種類のおもな熱水系が存在する。一つは深海の中央海嶺でマグマが海水に接触する「黒い煙突」で、もう一つは陸上の活火山周辺に見られ、雨水によって水が供給される温泉と噴気孔である。

リボ核酸の世界

生物学者はオパーリン－ホールデーン理論の呪縛に長い間とらわれて、すべての生き物は二つの基本的な機能を有していなければならないと考えていた。一つは、生物はある世代から次の世代へ情報を受け渡す能力を遺伝情報としてもっているということであり、もう一つは、食物を分解するというような化学反応を起こす能力があるという点である。これらは、それぞれ遺伝子と酵素が役割を担っている。「遺伝子」には遺伝暗号がデオキシリボ核酸（DNA）中の塩基配列として書き込まれており、生命におけるそれぞれの機能を指定している。「酵素」は化学物質で、触媒として化学反応を刺激し、促進させる。生命が遺伝子から始まったのか、もしくは酵素から始まったのか、のいずれかを決めることはたいへん難しい問題である。

この難問への解決の糸口は、両方の機能が同時に発生したのではないかという考えにあった。1968年にフランシス・クリック（1916〜2004年）は、リボ核酸（RNA）（英語の ribonucleic acid の略）が最初の遺伝分子だった可能性を示唆した。彼の議論では、リボ核酸は遺伝子としても酵素としてもはたらくという特異な性質をもっているので、それ自体が生命の先駆けであったのではないかという。リボ核酸は、細胞内部でのタンパク質合成に重要な役割を担っている。生きている生物を形づくるためのすべての情報を含む基本的な指令が、遺伝暗号としてDNAに書き込まれており、それが撚り糸状に組み合わさって染色体を形づくる。さまざまな形のリボ核酸（RNA）は、遺伝子に書き込まれている遺伝暗号を翻訳してタンパク質をつくるための鋳型として挙動する。そしてアミノ酸をリボソーム（細胞小器官の一つで、タンパク質が合成される場所）へと運んでいき、そこで転写された遺伝暗号に基づいてタンパク質を形づくる。

1986年にハーヴァード大学のウォルター・ギルバートが初めて「リボ核酸世界（RNA

ワールド）」という言葉を用いたとき、この概念はまだ議論の最中であった。しかし、その証拠はすぐに得られることとなった。イェール大学のシドニー・アルトマンとコロラド大学のトーマス・チェックは、それぞれが独自に、あるリボ核酸を発見した。それは不必要な塩基配列がリボソームへ届く前に部分的に削除することができた。リボ核酸が酵素のようにはたらくので、チェックはこれを「リボ酵素（リボザイム）」とよんだ。この大きな発見によって、二人は１９８９年にノーベル化学賞を受賞した。アルトマンとチェックは、クリックの予想を部分的に証明したことになる。

しかし、どのようにして裸の状態でリボ核酸分子が存在し、生命の根幹として活動できたのだろうか。多かれ少なかれオパーリンとホールデーンによってなされた仮説に従い、そしてスタンリーとミラーの実験で示されたように、単純なリボ核酸分子自身が、偶然岩場の水たまりに集まった可能性が考えられる。これらの単純で裸状態のリボ核酸分子がおもに存在していたものの、ほとんどは消滅してしまった。しかし、一つか二つかは自分自身を複製することができただろうし、そしてそれらが優勢になっていっただろう。

さらに進んで生きた細胞が生み出されるには、まだ2段階が必要だったと考えられている。リボ核酸の酵素と自己複製する小胞の二つが組み合わされて、原細胞がつくられる（図4）。そのために最低限必要なことは、二つのリボ核酸分子が互いに作用する必要があり、一方は部

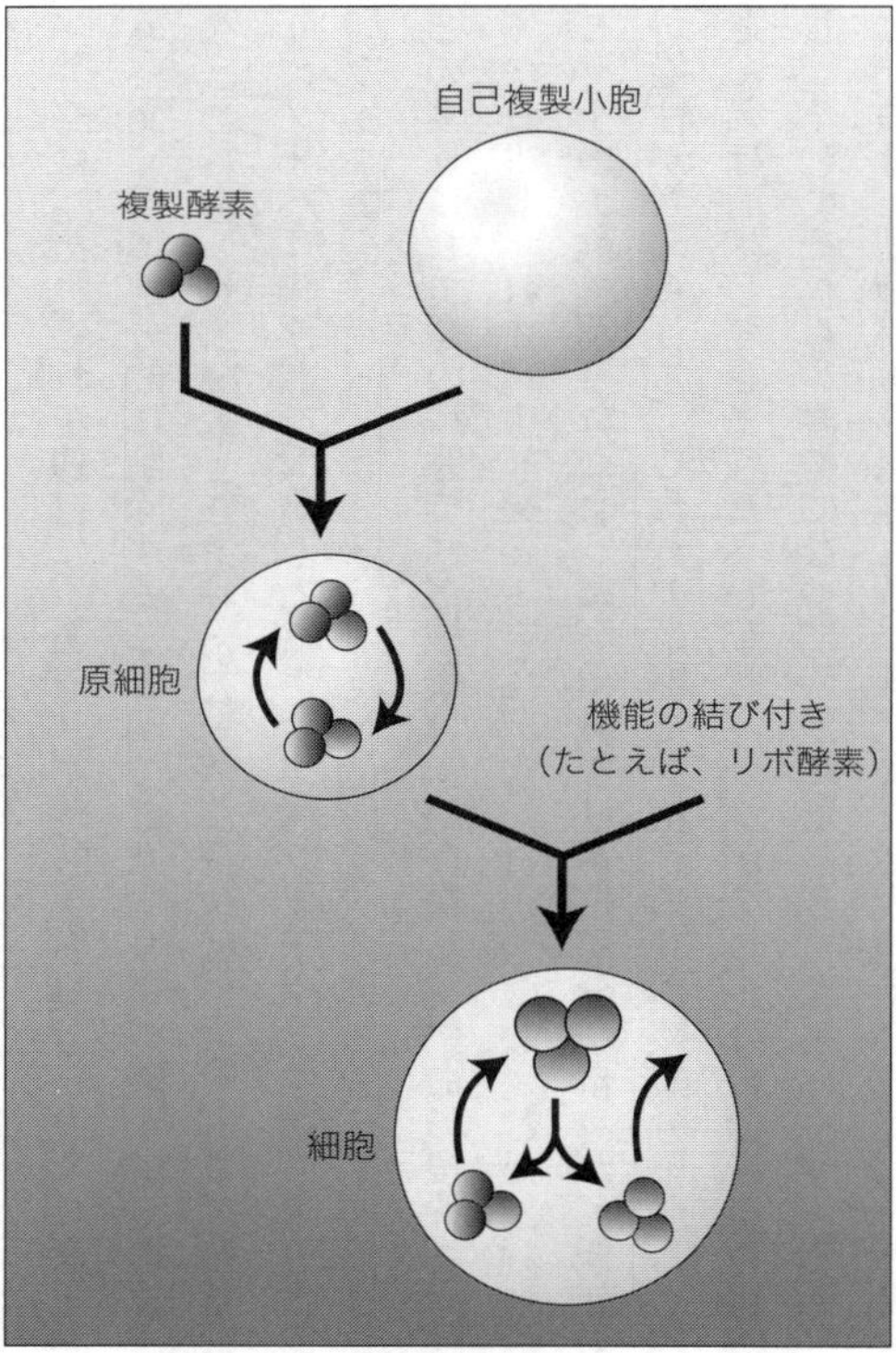

図４　リボ核酸原細胞の形成.

品を一緒に運ぶための酵素としてはたらき、他方は遺伝子の鋳型として挙動する必要があった。

鋳型と酵素のリボ核酸は、ともに「リボ核酸複製酵素」として結合する。しかしこれらの構成要素は、ある仕切られた空間、もしくは細胞の内部に、ともに存在していなければならない。あるいは、両者は時々出会って一緒にはたらいたに違いない。これが二つ目の生命前構造で、「自己複製小胞」と名付けられ、おもに脂質（脂肪を含み水に溶けない有機化合物）からなり、膜で囲まれた構造をなす。そして時間とともに成長し、分裂する。リボ核酸複製酵素は、あるとき、自己複製小胞に入り込むことで、効率よく機能するようになった（図4）。

これが原細胞であるが、まだ生きているとはいえない。原細胞は、独立した自己複製分子を内部に含む自己複製する膜の袋にすぎない。原細胞の機能を生み出すために、二つの構成要素は互いに作用する必要がある。すなわち、小胞はリボ核酸複製酵素を保護し、リボ核酸複製酵素は小胞のために脂質をつくるだろう。もし相互作用がうまくはたらけば、原細胞は生きる細胞に変わっただろう。細胞は自身で栄養を摂取し、成長し、複製する能力をもつので、生きているといえる。細胞はさまざまな形で生き残り（適者生存）、複製のための遺伝情報がリボ核酸（RNA）に記録されるので、進化が起こり得た。

リボ核酸世界の仮説について、いくつかの側面が調べられたものの、多くは検証されないままでである。そしてどの段階も化石となって残らないと考えられるので、いかなる理論モデルも仮説のままにすぎない。もしリボ核酸世界が存在したならば、最古の化石よりも古い出来事だったはずであり、有機物を構成する分子が熱で消滅しないまでに地球が十分冷却されなければならなかったはずである。ある推計によれば、リボ核酸世界は40億年前〜35億年前の間の、1億〜4億年の出来事だったと考えられている。

最古の化石

最古の化石は約35億年前のものだったとされている。この時代の化石は本当に生命の痕跡なのか常に疑問視されるものの、これまでに報告された化石には、微化石とストロマトライトの2種類が存在する。非常に古い時代の化石が初めて報告されたのは、１９５０年代のことであった。そしてさらに古い年代の化石を求める動きが活発になった。化石と誤認されることがたびたびあったが、それは驚くことではなかった。なぜならば、最古の化石はきわめて単純な生物に限られるし、さらに顕微鏡でしか見つけられないほど小さいからである。それゆえ、名の知れた専門家がプレパラートを検鏡し、泡や鉱物片、さらに綿毛のかけらや現在の胞子でさえ、たまたま過大評価してしまうことがよく起こったが、それはなんら不思議ではない。

太古の化石で最も間違いのないものは、意外にも「ストロマトライト」とよばれる大きな堆積構造体である。ストロマトライトは盛り上がった形をしており、生物が住んでいた部分と堆積物の部分から構成され、現在でもまだ生きたものが存在している。ストロマトライトは多くの薄い層の積み重なりからなっており（図5a）、数年以上もしくは数百年かけて、不定形のキノコ型、もしくはキャベツ型に成長する。その層は最も単純な生物の仲間である「藍色《らんしょく》細菌（シアノバクテリア）」とよばれる微生物の敷布からなっている。藍色細菌は藍藻ともよばれる。しかし、海藻のような藻類は細胞に核をもっているが、細菌の場合は核をもたない単純な細胞からなるので、このよび方は誤解を招く。

典型的な藍色細菌は光合成を行うので、水際付近の浅海に生息している。現在の藍色細菌は、しばしば海水の水たまりが蒸発してしまうような熱帯域の高塩分濃度の海水中に生息している。塩分濃度が低いと植物食動物によって食べ尽くされてしまうからである。微生物の薄い敷布は、しばしば細い泥粒子に覆われてしまうが、藍色細菌は太陽光を求めて堆積物を通って上へと成長する。その結果、徐々に薄層の積み重なり構造ができ上がる。化石の場合、この構造体を生み出した微生物はほとんど保存されていないが、薄層構造だけは後に残される。化石となった古い時代の薄層構造の多くは真偽が怪しいものの、一般に認められた最も古いストロマトライトはオーストラリアから発見されたもので、34億3000万年前の年代とされている[1]。

図5a　カナダ，マッケンジーに分布するスターク累層に見られる，藍色細菌がつくり出した薄層構造を示す岩石（ストロマトライト）.

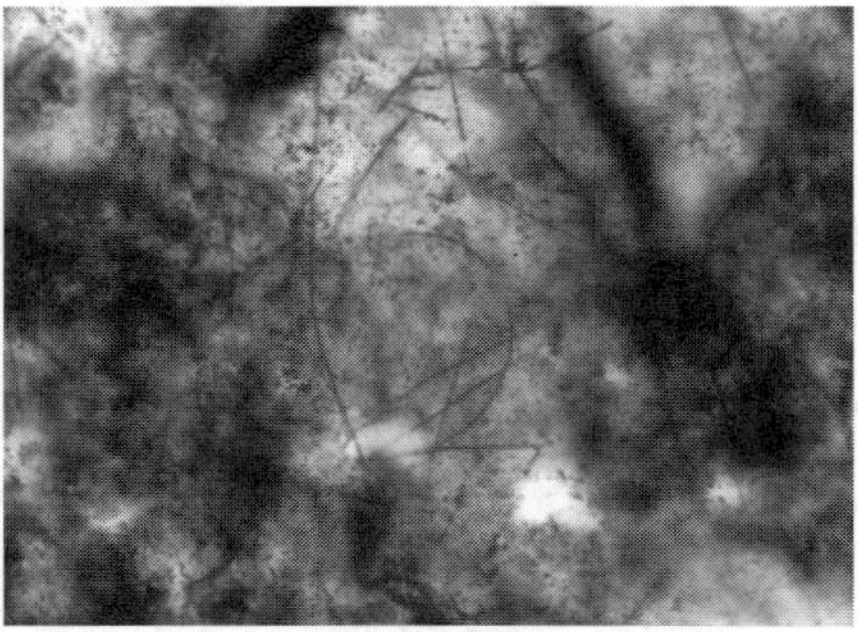

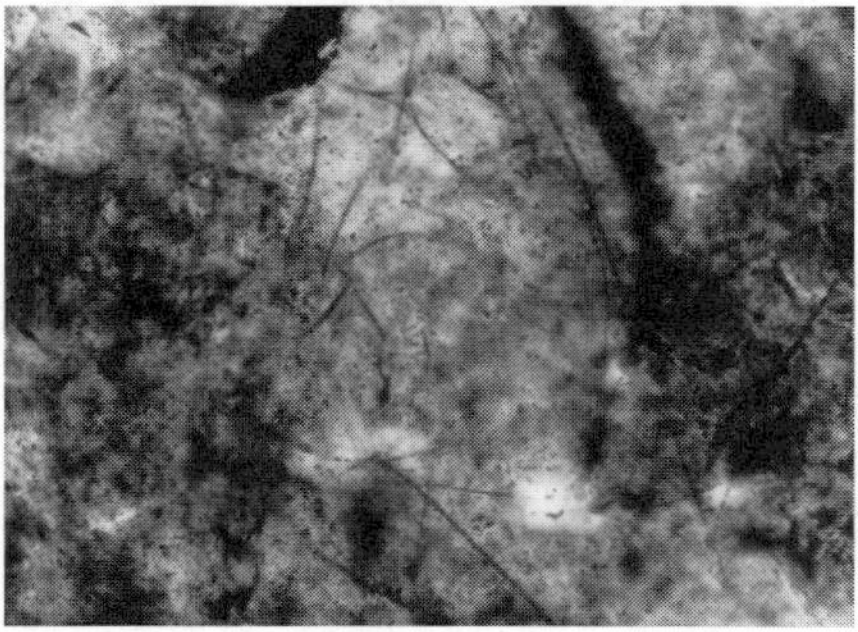

図5b　オーストラリアの32億3500万年前の硫化物塊から発見された糸状の微化石.

ストロマトライト以外の微化石で、今のところ最も古いとされているのは、32億年前のものである。それは2000年に西オーストラリア州の塊状硫化物鉱床から報告された。化石は糸のような形で（図5b）、まっすぐなもの、ゆるやかに曲がったもの、折りたたまれるように曲がったものが見られ、一部で密に絡み合っている。全般的な形態、幅にばらつきがないこと、そして方向性がないことから、これらは単なる岩石中の無機的模様ではなく、真に化石だとされている。もしこれが正しいならば、最古の生命の中に、海底で硫黄を伴うような熱水付近に生息していた「好熱性細菌」が存在したことが確かめられたことになる。ユアン・ニスベットとノルマン・スリープによって提唱された生命の起源に関する見解を支持する証拠となるだろう。

34億年前のストロマトライトや微化石の出現以降、さらに確かな化石が見つかるまで長い時間間隙が存在する。南アフリカの25億年前の岩石、およびカナダの有名な19億年前のガンフリント・チャートから、それぞれ微化石が発見されている。ガンフリント・チャートからは、6種類の形態が識別されている。あるものは糸状を示し、他のものは球形であったりする。分岐した構造を示すものや、傘状の形も発見された。これら先カンブリア時代の細胞は、現生の細菌に形が似たものがあり、ストロマトライトから発見されたものも含まれる。最も独特なものは傘状の形を示すカカベキア *Kakabekia* である。この形態の微生物は、現生ではウェールズ州にあるハーレック城の城壁のたもとから見つかる稀な微生物に最もよく似ている。この現生の微生物はアンモニアに耐性がある。古代ブリトン人が城壁の存在に反対して小便をかけたことでアンモニアが生成された。それならば、ガンフリント・チャートの堆積時の海は、アンモニアが豊富だったのだろうか。

20億年前の地球では、アンモニアを好むカカベキアの他に、さまざまな不思議なことが起こった。大気が急に酸素に富むようになり、多様な生命の痕跡が認められるようになる。新しい種類の微化石が出現し、その中に細胞核をもつものが現れた。もしこれが正しければ、真核生物の起源、そして性の誕生を示すことになる。

（訳注1）この最古のストロマトライトが生物の作用で形成されたものではないという研究報告がある。

第2章
性の誕生

性はいったい何の役に立っているのだろうか？
ジョン・メイナード＝スミス『性の誕生から現在まで』（1971年）

性というのはなんとも面倒でわずらわしいシロモノである。単純な生物は、性によらずとも、分裂や出芽によって効率よく増殖できるように見える。たとえばアメーバは、ひたすら餌を食べ続けた後、十分に大きくなった体を二つに分裂させる。酵母やカイメンは、体の側面に膨らみができ、やがては親の体から切り離されて新たな個体が誕生する。では、性を介した生殖の利点とは何なのだろうか。

著名な英国の進化生物学者、ジョン・メイナード＝スミス（1920〜2004年）は、1978年に出版した著書『性の進化』の中で、有性生殖は無性生殖の2倍の費用（コスト）がかかると述べている。性が一つしかなく、分裂や出芽によって「無性生殖」で繁殖する生物は、個体数を急速に増加させることができる。なぜなら、そのような生物はすべての個体がそれぞれ自分の子を産むことができる、つまりメスだと考えられるからである。性を介して遺伝情報の交換を行った上で子孫を残す、つまり「有性生殖」の生物には、オスとメスの二つの性が存在し、ここで問題となるのは（もちろん）オスである。ある有性生殖生物のメスが2個体の子を産んだとして、その生物のオスとメスの比率（性比）が等しいならば、その子は平均してオス・メスそれぞれ1個体となる。子を産むメスの数が半減するため、産子数などその他の条件が同じならば、有性生殖生物の個体数増加率は、無性生殖生物のそれの半分となってしまう。専門用語で言い換えると、有性生殖生物のメスの「適応度」は、無性生殖生物のメスの適応度の半分である。適応度は繁殖成功度を測る指標であり、「有性生殖は無性生殖の2倍の費用（コスト）がかかる」とはつまり、二つの性をもつ生物の適応度は無性的に増える生物の適応度の半分であることを意味する。

このように一見不利な有性生殖のシステムを、なぜ多くの生物が採用しているのだろうか。長い目で見ると有性生殖の有利な点が出てくる、とメイナード＝スミスは指摘した。「単為生殖」（未受精卵から個体が誕生する生殖）よりも、オス・メスの交配によるほうが遺伝子を効率的に混合することができ、このために生物個体群の遺伝的多様性、ひいては環境への適応能力を高めることができる。病気や寄生虫がまん延した際には、有性生殖を行う種のほうがそれらに順応した個体を産み出しやすいことを、メイナード＝スミスは示した。無性生殖と有性生殖のどちらが有利かは、その時々による。アブラムシのように、通常は単為生殖によって無性的に増えるが、場合によっては有性生殖を行う生物もいる。また一方で、普通は有性生殖を行う有鱗《ゆうりん》類（ヘビ・トカゲ類）において、何度も単為生殖を行う種が生まれた。

性とはオス・メスの間で遺伝物質を混合するものであり、真核生物という複雑な細胞構造をもった生物にしか見られない。では、真核生物はいつ誕生し、性はいつ獲得されたのだろうか。この問いについて、今生きている生物を研究したり、地層中から生物源化合物を抽出したり、さらには古代の大気環境を復元したり、化石標本を研究することによって、少しずつ答えに近づいている。

生命の樹

古い生物学の教科書では、生物は植物・動物・微生物の三つに分類できるとされていた。植物は緑色をしていて動かず、動物はたいてい緑色ではなくて動くものが多く、そして微生物はただ単にとても小さい。

この粗い分類基準は、少しずつ改められてきた。まず、「原核生物」と「真核生物」とが分けられた。原核生物はすべて単細胞であり、細胞核をもたず、またすべての遺伝情報はただ1

本のDNA（デオキシリボ核酸分子）に収められている。原核生物は一般的に無性生殖で増える（ただし、何らかの方法により個体間で遺伝情報を交換することができる種は多い）。真核生物には、単細胞生物だけでなく、動物や植物のような多細胞生物も含まれている。真核生物の細胞は、細胞核やミトコンドリア（エネルギーを調達する役割を担う）、そして植物では光合成を行う葉緑体など、さまざまな役割に特化した細胞小器官を含有している。真核生物のDNAは、通常複数本に分かれており、それぞれが染色体となって細胞核内に収まっている。

生物を五つの界に分ける分類体系が、長い間広く受け入れられてきた（五界説）。この分類体系では、植物と動物、それに加えて菌（キノコ・カビ・酵母など）という三つの多細胞生物、および二つの単細胞生物――単細胞の真核生物である原生生物と、モネラ生物（原核生物）――、の合計五つの「界」に、すべての生物は分類される。この五界説は、当時イリノイ大学で研究を行っていたカール・ウースらの研究グループが1977年以降に発表した一連の論文によって否定された。ウースらは、分子系統学的な研究を行い、生物は大きく三つの「域（ドメイン）」――細菌（真正細菌）域、古細菌域、真核生物域――に分けられることを示した。ただ一つの界であるはずの原核生物は細菌と古細菌の二つの域を内包しており、その一方でただ一つの域である真核生物が四つもの界に分割されるため、五界説は不適切である。この三つの域の間の近縁関係（古細菌と細菌が互いに近いのか、それとも真核生物が細菌・古細菌のいずれかと近いのか）はまだわかっていない。[2] しかしいずれにせよ、ウースらは初めて全生物の系統樹を作成した（図6）。

いま地球上に生息している生き物はすべて、三つの域のいずれかに分類される。細菌域は藍《らん》色《しょく》細菌（藍藻、シアノバクテリア）など、いわゆる「バクテリア」とよばれる生物のほとんどを含んでいる。古細菌域には、高い塩分環境を好む高度好塩菌やメタンを合成するメタン生成菌、高温環境を好む好熱性細菌などが含まれる。真核生物域は、多細胞の生物に加えて、しばしば「原生生物」としてまとめられる単細胞生物群を含んでいる。また、真核生物の内部の系統関係を見ると、菌は植物よりもむしろ動物に近縁という結果が得られている。菌が動物に近いという直感的には受け入れがたい結果は、多くの研究で確かめられており、おそらく真実だろう。このことは菜食主義者にジレンマを突き付ける。はたしてキノコを食べてもいいのだろうか、と。

真核生物の起源

地球に生命が誕生してから最初の10億年ほどは真核生物は出現しておらず、原核生物の天下であったと、最近まで当然のように考えられていた。しかし実際は、この考えを支持する証拠は乏しい。これまでに述べたように、真核生物は細菌や古細菌よりも後になって出現したとい

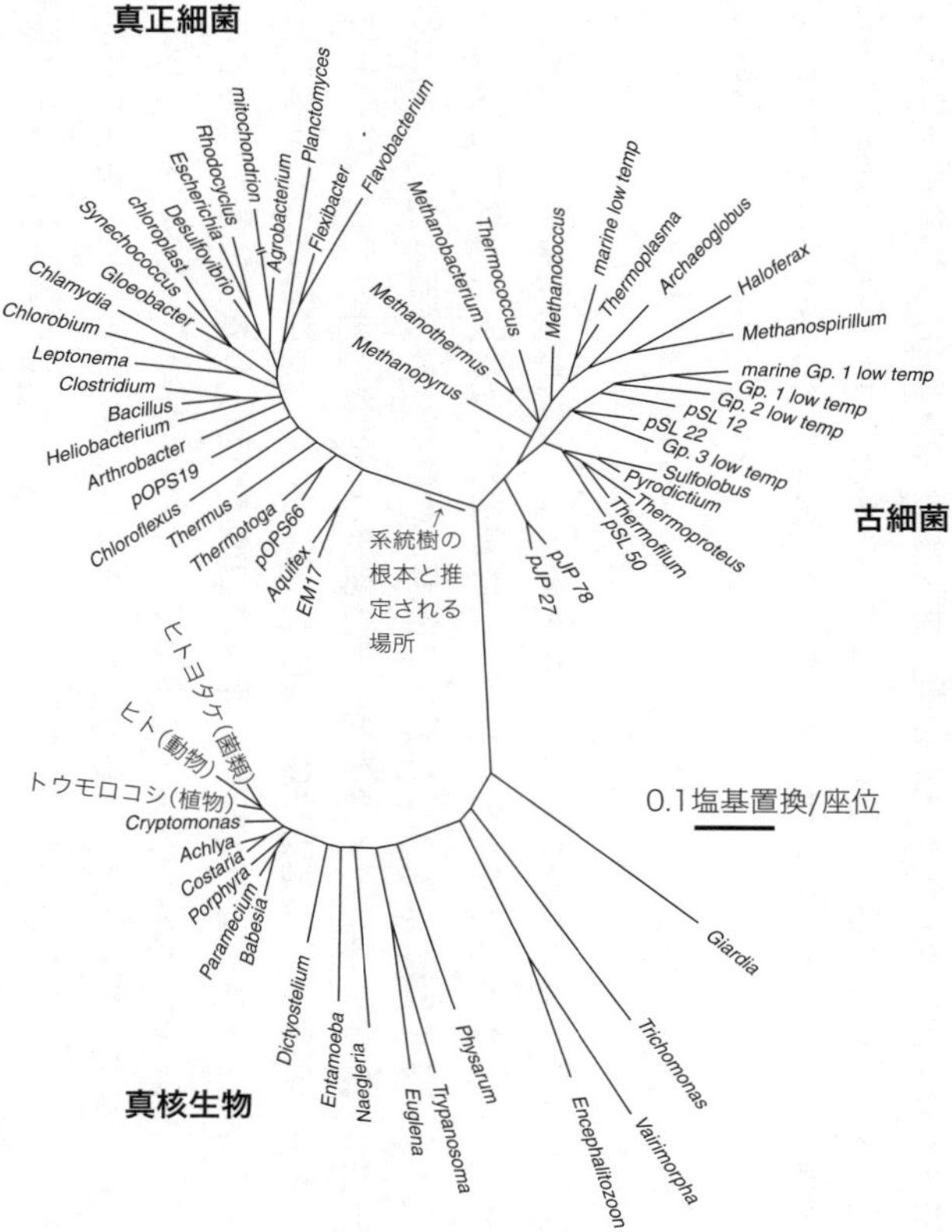

真正細菌
古細菌
真核生物
mitochondrion
Planctomyces
Flavobacterium
Rhodocyclus
Escherichia
Desulfovibrio
chloroplast
Synechococcus
Gloeobacter
Chlamydia
Chlorobium
Leptonema
Clostridium
Bacillus
Heliobacterium
Arthrobacter
pOPS19
Chloroflexus
Thermus
Thermotoga
pOPS66
Aquifex
EM17
Agrobacterium
Flexibacter
系統樹の根本と推定される場所
Methanobacterium
Thermococcus
Methanococcus
marine low temp
Thermoplasma
Archaeoglobus
Haloferax
Methanospirillum
Methanothermus
Methanopyrus
marine Gp. 1 low temp
Gp. 1 low temp
Gp. 2 low temp
pSL 12
pSL 22
Gp. 3 low temp
Sulfolobus
Pyrodictium
Thermoproteus
Thermofilum
pSL 50
pJP 78
pJP 27
ヒトヨタケ(菌類)
ヒト(動物)
トウモロコシ(植物)
Cryptomonas
Achlya
Costaria
Porphyra
Paramecium
Babesia
Dictyostelium
Entamoeba
Naegleria
Euglena
Trypanosoma
Physarum
Encephalitozoon
Vairimorpha
Trichomonas
Giardia
0.1塩基置換/座位

図6　全生物の系統樹.

う証拠は分子系統学からは得られない。むしろ、これら三つの分類群はほぼ同時期に出現したと考えるべきである。生物源化合物に関する地球化学的な研究からもまた、驚くべき証拠が得られている。

生物源化合物とは、生命の存在を示唆する有機化合物であり、ほとんどの場合、細胞に含まれる脂肪や蝋《ろう》などの「脂質」である。何らかの生命が存在したことを示す化合物もあれば、ある特定の域や界の存在を示す生物源化合物もある。１９９９年に、当時ハーバード大学の研究員だったヨッヘン・ブロックスと同僚たちは、オーストラリアの27億年前の地層から新たに複数の生物源化合物が見つかったと報告した。その化合物には、当時生息していたと考えられている藍色細菌の存在を示すものも当然含まれていた。しかし同時に、ステロールに由来する、28〜30個の炭素原子からなる飽和多環式炭化水素《ほうわたかんしき》も含まれていた。そのような炭素数の多いステロールは真核生物にしか合成できず、原核生物はつくることができない。つまり、新たに発見された生物源化合物から、少なくとも27億年前のいかなる化石も残されていない時代に、すでに藍色細菌だけでなく真核生物も存在していたと考えることができる。

細胞核やその他の複雑な細胞小器官をもった真核生物は、いったいどのようにして単純な構造の原核生物から生まれたのだろうか。当時ボストン大学の若手研究者であったリン・マーグ

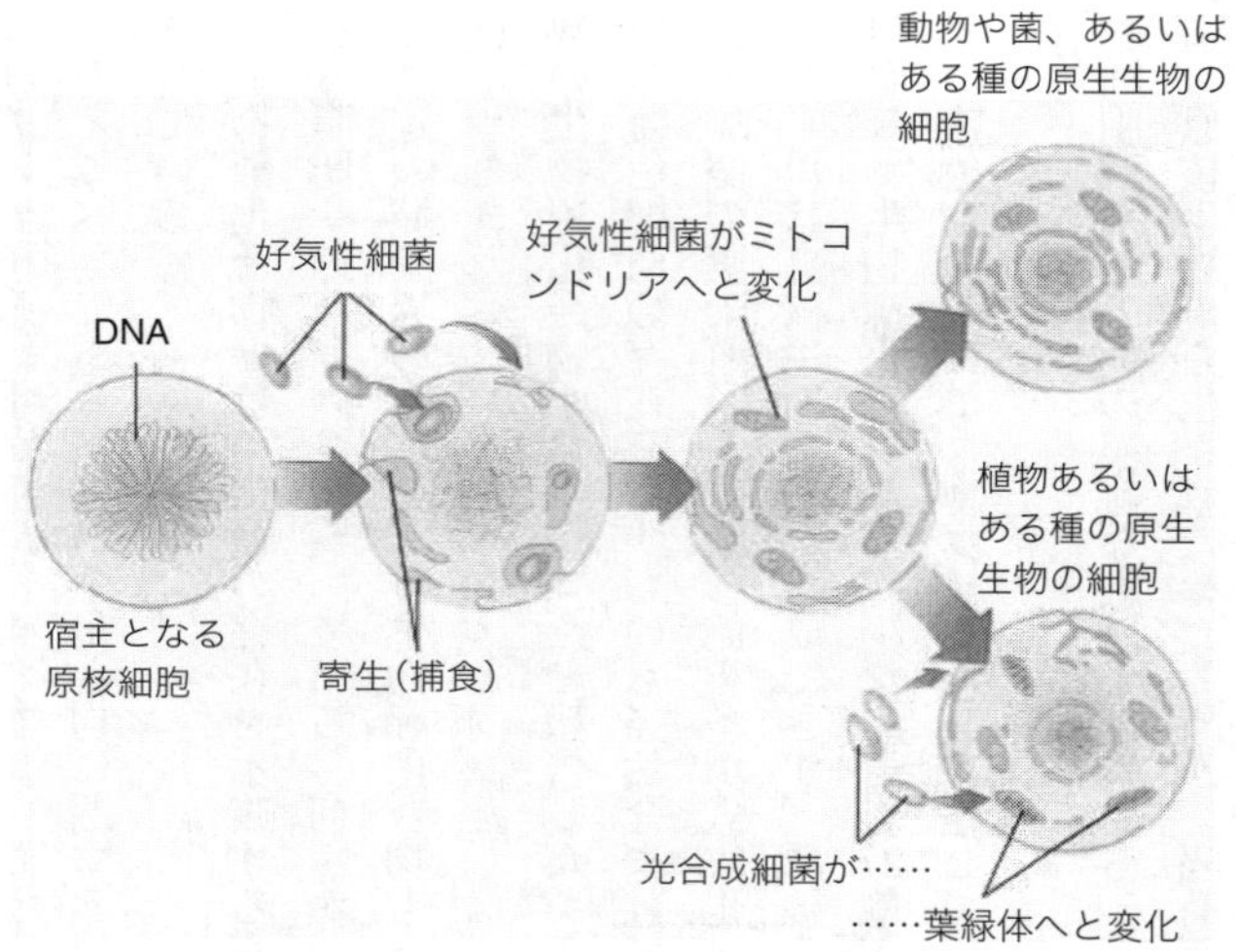

図7　細胞内共生説による真核生物の起源の説明.

リスによって1967年に提唱された「細胞内共生説」が最も有名である。この説によると、ある原核生物が、効率よくエネルギーをつくることのできる小さな別の原核生物を食べた、あるいはそれに寄生されたが、その二つの種はその後互いに利益を提供することで共存するようになったのである（図7）。小さな侵入者は大きな細胞によって守られ、大きな細胞は小さな侵入者からエネルギーを受け取った。今でもその侵入者は真核生物の細胞小器官の一つ、ミトコンドリアとして存在している。他にも、ミミズのような形をした泳ぐ原核生物（スピロヘータ）の侵入者は鞭毛《べんもう》（微生物が動き回るために用いる鞭《むち》のような付属物）へと、また光合成を行うことのできる侵入者は植物細胞の葉緑体へと、それぞれ進化した。

この細胞内共生説はとても魅力的であり、またいくつかの点では実際に正しいことが確かめられている。ミトコンドリアと葉緑体はもともとは原核生物であり、ミトコンドリアはアルファプロテオ細菌と、葉緑体は藍色細菌と、それぞれ近縁であることが解明された。つまり驚くべきことに、現在の真核生物の細胞には、独自のDNAをもった原核生物が居候しているのだ。

しかしながら、細胞内共生説の大部分は多くの専門家によって否定されている。ミトコンドリアや葉緑体以外の細胞小器官、特に真核細胞を真核細胞たらしめている細胞核が何らかの原核生物由来であるという証拠はまったく存在しない。それに、どのような種類の原核生物が他の原核生物を取り込んだのかもわかっていない。実際、細胞内共生という現象は今日でも比較的広く見られるが、宿主はすべて真核細胞であり、原核細胞が宿主である例は一つも知られていない。このため、細胞内共生説の代案として、いわば「原始真核細胞宿主説」とでもいうべき説が浮上した。この説によると、すでに細胞核をもった原始的な真核細胞が好気的な原核生物を取り込み、それがミトコンドリアになったのである。しかしこの説では、肝心の原始真核細胞がどこからやってきたのかがわからない。それにそもそも細胞内共生説の仮定に反して、古細菌や真正細菌が真核生物より祖先的であるという証拠はない。生物源化合物の研究からは、真核生物の起源はこれまで考えられていたよりもずっと古いことが示された。ふりだしに戻れ、だ。

酸素

初期の地球大気は酸素を含んでおらず、生命は酸素のない状態で誕生した。そして今からおよそ24億年前、生命が誕生してから10億年ほど経った頃に、大気中の酸素量は現在の1〜2パーセントにまで増加した。別にたいした量ではないと思うかもしれないが、ほとんど酸素がない状態からすると急激な増加であり、地質学者はこの出来事を「大酸化事件」とよぶ。世界は一変してしまったのだ。しかし、この変化は何が原因だったのだろうか。

最初に現れた生命は「嫌気《けんき》性」であり、酸素のない場所に生息していた。それどころか、初期の原核生物は酸素の存在下では生きられなかっただろう。このことは、現生の嫌気的な微生物からもうかがうことができる。現在の嫌気性微生物の中には、周囲の酸素量に応じて嫌気呼吸と好気呼吸とを切り替えることのできるものもいるが、その一方で嫌気呼吸しかできず、ごく少量の酸素の存在下でさえ生存できないものもいる。

単純に考えれば、大気中の酸素は生物が生産したものである。気体の酸素は光合成に伴って放出される主要な副産物であり、そしておそらく初期の藍色細菌も光合成を行うことができた。しかし、初期の大気中の酸素がすべて光合成の副産物だと考えるのには無理がある。藍色細菌は今から35億年前頃に出現したが[3]（41ページ参照）、その後の10億年間にわたって大気中の酸素濃度はまったく上昇しなかったのである。おそらく、光合成によって放出された酸素のほとんどは、火山ガスや海底の熱水孔などから噴出する金属などと結合して、酸化物となって大気中から一掃されてしまったのだろう。このため、初期の大気中には光合成由来の酸素はほとんど残らなかったのではないだろうか。

では、初期の大気中の酸素はどこからやって来たのだろうか。生物には由来しないのではないかと、ブリストル大学のデイビッド・カットリングは考えた。彼によれば、この問題を解く鍵はメタンにあるという。メタンは炭素と水素からなる化合物であり、嫌気的な微生物によって生産される温室効果ガスである。地球上で生命活動が活発になる以前は、メタンもほとんど存在しなかったが、初期の微生物によって合成され、生命活動が活発化するにつれてその量は徐々に増えていった。現在では、メタンは酸素によって酸化されるために大気中にほとんど存在しないが、大気に酸素が存在しなかった先カンブリア時代初期には、大気中のメタン濃度は現在の１００〜１５００倍くらい高かったのではないかと考えられている。この高濃度メタンの温室効果によって、当時の地球の気温は非常に高かったであろう。

メタンによる温室効果は24億年前に突然消失した。メタン濃度が高くなると、水素原子が地球の大気から宇宙へと放出されるようになる。このために自由酸素と結合して水分子（H_2O）となる水素が不足して、余った酸素が気体となって大気中に放出されたのではないだろうか。大気中の酸素濃度の上昇は、地球上の生命に大きな影響を及ぼした。大気中の酸素を消費して生命活動を行う、新たな「好気性」の生物が出現した。酸素はまた、大気の上層に「オゾン層」をつくり出し、太陽光に含まれる紫外線をさえぎるようになった。

今から6～8億年前にふたたび大気中の酸素濃度が上昇して、現在の10パーセント程度になった。この出来事によって生命活動はさらに変化し、地球上の生物多様性は増加しただろう。この時代の岩石から、当時の地球の化学的な状態に変化が生じたことがうかがえる。

最古の真核生物の化石

原核生物が最初に出現し、その後に真核生物が出現したと、少し前までは当然のように考えられていた。しかしこれまで見てきたように、分子系統学や生化学に関する新たな知見が、この考えに一石を投じた。27億年前にはすでに真核生物は出現しており、また全生物の系統関係からも、真核生物が真正細菌や古細菌よりも新しく登場したとはいえない。

化石はどれもこれも曖昧模糊としている。教科書にはかつて、オーストラリア中央部ビタースプリングス層のおよそ8億年前の地層から採集された、明瞭な細胞核をもったすばらしい真核細胞の化石が描かれてきた。そうした化石の中には、細胞分裂の状況を保存しているものまで存在した。なんと素敵な発見だろうか。しかし、あまりに出来過ぎだった。残念ながら今日では、それらの化石は藍色細菌の群集であることが判明している。細胞核だと考えられていた細胞上の暗い斑点は、細胞膜のシワや凹凸であった。一つの細胞がほぼ均等なサイズの二つの細胞に分かれる細胞分裂は、真核生物だけでなく原核生物にも見られる。ダーウィンの擁護者として知られるトーマス・ヘンリー・ハクスリーはかつて、「美しい理論がただ一つの粗末な証拠で葬り去られる場面は見るに堪えない」と述べた。この場合、ただ一つではなく、複数の粗末な証拠である。

真核生物と考えられている最古の化石は、いくつかの点では印象的であるが、いくつかの点ではがっかりさせられる。先カンブリア時代後期のさまざまな年代の岩石から、グリパニア *Grypania* とよばれる奇妙な化石が発見されている。幅5ミリメートルほどのコイル状の生物で、薄い炭素の膜となって保存されている。最古のグリパニアの化石は18億5000万年前のものである。それらの化石はコイル状の海藻にとてもよく似ており、もし実際に海藻であるならば、グリパニアは真核生物ということになる。この判断に関しては論争が続いており、グリパニアをなんらかの巨大な細菌類だと主張する研究者もいる。その場合、最古の真核生物の化石は、はるかに微小なアクリタークとよばれる化石となる。アクリタークは、球形に近い形をした植物プランクトンのような海産の生物で、小さなヒゲとカギ爪をもっている。最古のアクリタークの化石は、14億5000万年前のものと見積もられている。

どれが最古の真核生物なのかに関しては、まだ決着がついていない。しかしおよそ10億年前には、微小なアクリターク類やそれに近縁な生物、多くの海藻、そしてより複雑な構造をもった生物が出現していた。そして、多細胞化と性の獲得との間に関連があると考えられている。

多細胞への道

真正細菌や古細菌には、真の多細胞生物は存在しない。原核生物にも、複数の細胞が集まって繊維状の構造をつくるものは存在するが、こうした細胞群では細胞間での情報のやりとりや役割分担は見られない。これまでに知られている限りでは、真の多細胞生物はすべて真核生物である。最も単純な多細胞生物は肉眼では見えないほど小さく、わずか数個の細胞が連なっただけのものである。多細胞生物はどのようにして誕生したのだろうか。現在生きている原生生物に、その手がかりを見つけることができる。

細胞性粘菌のタマホコリカビは通常は単細胞で生活しているが、周囲に食べ物がなくなると無数の細胞が集まって集合体をつくり、別の場所へと移動する。他にも、単純な構造のボルボックスは1万もの細胞が集まって群体を形成し、細胞間での役割分担さえも見られる。ボルボックスは長年にわたって科学者の注目を集めてきた。顕微鏡の開発者として有名なアントニ・ファン・レーウェンフック（1632〜1723年）が初めてボルボックスを観察したとき、彼は顕微鏡を通して目に映っているものが信じられなかった。ボルボックスの群体は中空の球を形成し、回転しながら優雅に水中を動いていた（ボルボックス *Volvox* とは「勢いよく転がるもの」を意味する）。1万個の細胞のほとんどは摂餌や遊泳のための器官としてはたらいており、鞭毛を活発に波打たせて群体全体を回転させている。だが、それ以外にも生殖の役割をはたす細胞がわずかながら群体中に存在しており、ボルボックスの群体（個体）は、交配によって休眠状態の種子をつくることができる。通常、ボルボックスは無性的に繁殖する。有性生殖によって生み出された子孫は、環境の悪化に対するいわば保険なのだろう。

この例は、生物学の本質を端的に物語っている。まず、個体と群体とはどこで線引きすればよいのだろうか。ボルボックスの球は、構成する細胞すべてが互いに協調的に役割をはたして動き、全体として一つの個体であるかのように振る舞う。しかし、個々の細胞はそれ自体が一つの生物個体として十分な条件を備えており、自分自身で餌を食べ、時とともに分裂を繰り返す。他にも群体の例を挙げよう。サンゴ礁では、無数のサンゴ個体（ポリプ）が、全体として一つの構造を形づくる。アリの巣では、さまざまな役割に特化したアリ個体が協調的にはたらき、く。群体を構成する個体（サンゴやアリ）は、自分自身で生きていくことができ、新たな群体に出会うことがあるかもしれない。ただし実際には、ほとんどのアリは1個体だけで生きていくことはできない。繁殖や採餌、巣の防御、そして巣内の環境管理など、多くのことが他個体の協力なくしてはできないのだ。

ところで、多細胞であることの利点は何なのだろうか。多細胞化は進化の過程で独立に何度も起こり、そして今でもボルボックスのような原生生物がその途上にあることからも、多細胞の利点は間違いなくたくさんある。たとえばそれぞれの役割に特化した細胞をもつことで、採餌や移動、繁殖、防御などを非常に効率よく行うことができる。餌を摂るため、あるいは防御のための毒物をつくり出すためだけに存在している細胞は、生きていくためのすべての役割をはたさないといけない単細胞生物の細胞よりもずっと速く進化し、その役割に対してはるかに適した存在になるだろう。それに、大きいこと自体は必ずしも有利ではないが、もし自分の周囲の生物がすべて微小な存在ならば、それらよりも大きくなることには明瞭な利点が存在する。新たな食糧源を獲得し、より大きな餌を食べることができ、そして他の個体よりも速く、遠くまで移動することができるようになるからである。

そして性の起源

では、性はどこからやってきたのだろうか？　原核生物や単細胞の真核生物にも、時と場合に応じて有性的な生殖を行うものはいる。だが、真の有性生殖が多細胞生物の誕生へとつながり、両者は密接に関連し合っていると、ケンブリッジ大学のニコラス・バターフィールドは論じている。出芽《しゅつが》などの無性生殖は、成長の延長線上でしかない。餌を食べて成長し、十分に大きくなると有糸分裂して二つの個体になる。このときにDNAも二つに分裂し、二つの細胞で同じ遺伝情報が共有されることになる。無性生殖で産み出される個体は親個体の「クローン」、つまり遺伝的には親の完全な複製である。

一方で有性生殖は、個体間で配偶子《はいぐうし》（精子と卵）の交換を行う。通常、オスが精子をつくり、メスの卵に受精させる。真核生物の細胞では通常、相同な染色体がそれぞれ1対2個存在しているが、配偶子はそのうち1個の染色体のみを有しており、受精時に二つの配偶子の染色体が対合《ついごう》して、親とは異なった子のゲノムが形成される。このように、染色体数が半減して配偶子が形成される細胞分裂は「減数分裂《げんすうぶんれつ》」とよばれている。

バターフィールドの議論はこうである。多細胞であることの利点はあまりに自明なので、有性生殖が行われるようになるとすぐに、多細胞化が起こると予測される。その一方で無性生殖からは真の多細胞には進化できない。無性生殖はクローンで増えるため、世代間でDNAの組換えが起こらず、したがって変化する機会がとても少ないからだ。無性生殖でももちろん進化は起こるが、多細胞の動物や植物に観察されるような種分化や新たな種の形成などはない。

性がいつ誕生したのかを知るためには、どうすればよいだろうか。二通りの方法で推定可能であると、バターフィールドは述べている。一つは系統発生に関する方法から、そしてもう一つは性と多細胞の緊密性に基づいた方法から、である。系統発生に関する方法は、系統樹に基づいて行われる。さまざまな生物の系統関係を樹形にして表し、ある形質に着目してその形質をもつ現存の生物に印を付ける。そうしてそれらの生物すべての共通の祖先にたどり着くまで系統樹をさかのぼっていくことで、着目した形質の起源を推定することができるのだ。ここで、その着目形質はすべての生物間で「相同な形質」、すなわちその形質は生命の進化史上でただ一度だけ獲得されたものである必要があり、収斂《しゅうれん》進化によって複数回獲得されたものであってはならない。現在の真核生物に見られる有性生殖のシステムは非常に複雑であることから、有性生殖は真核生物の進化史上でただ一度だけ獲得されたものであると考えられる。この仮定をもとに、有性生殖を行う生物から系統樹をさかのぼっていくと、性の起源は真核生物誕生から間もない頃であると推測される。

もう一つの方法は化石を追うことである。バターフィールドの説に従えば、多細胞生物の化石を見つければ、それはすなわち有性生殖を行った化石でもある。現時点では、バンギオモルファとよばれる生物が最古の多細胞生物として認められている。この生物の化石は、カナダのサマーセット島にあるハンティング累層の12億年前の岩石から発見された。

バンギオモルファという名前

紅藻は現在ではありふれた海藻の一つで、世界中どこでも海岸に行けば見ることができるし、海苔などの食材としても使われている。紅藻には単細胞の単純なものから大きく複雑な構造をしたものまでさまざまな種類が存在し、多様な環境のもとで生きていくことができる。たとえばバンギア属 *Bangia* の紅藻は、海から淡水湖まで、さまざまな塩分濃度のもとで生息している。１９９０年に、これまでに知られている最古の紅藻の仲間の化石が報告され、バンギオモルファ *Bangiomorpha*（バンギアのような形をしたもの）と名付けられた。この生物は確かにいくつかの点で現在の紅藻に似ている。だが、命名の理由はそれだけではない。

バンギオモルファという名前は、２０００年にバターフィールドが付けた。正しくは、バンギオモルファ・ピューベセンス *Bangiomorpha pubescens* という。種小名のピューベセンスという単語は「軟毛のある」という意味と「思春期の」という意味を合わせもっており、毛のような形をした生物であることを示すと同時に、性的に成熟していることも示唆している。バンギオモルファ・ピューベセンスという名前は、珍名を集めた辞典にまで掲載されており、あるウェブサイトには次のように記載されている。「この12億年前の化石には、最古の性行為が記録されている。その生物名に含まれている「バン」は、性行為を表す隠喩である」と。残念ながら、バンギオモルファの化石に性行為が記録されているものはない。このウェブサイトの作成者はつい大げさに書いてしまったのだろう。だが、この名前は人々の記憶に残る上で大いに役に立った。

バンギオモルファは、いくつかの細胞でできた付着根によって海岸の岩にしっかりと体を固定して、毛を束ねた筆のような格好で成長する（図8）。それらの筆はせいぜい長さ2ミリメートル程度で、細胞の幅は50ミクロン（0・05ミリメートル）以下である。暗色の細胞壁が球形、あるいは円盤形の細胞を包み込んでおり、そうした細胞が縦に一列、場所によっては数列並んで筆を構成している。

バンギオモルファの化石標本は数多く発見されており、これらの標本からどのようにしてこの筆状の繊維組織が形づくられるのかを理解することができる。単細胞から始まって、一つから二つ、二つから四つと細胞分裂を繰り返しながら、繊維の軸に沿って成長していく。繊維に沿って、円盤形の細胞が2個や4個、あるいは8個のかたまりをつくっていることがあり、これらは細胞分裂の途中であることを示している。いくつかの大きな筆では、先端に胞子のよう

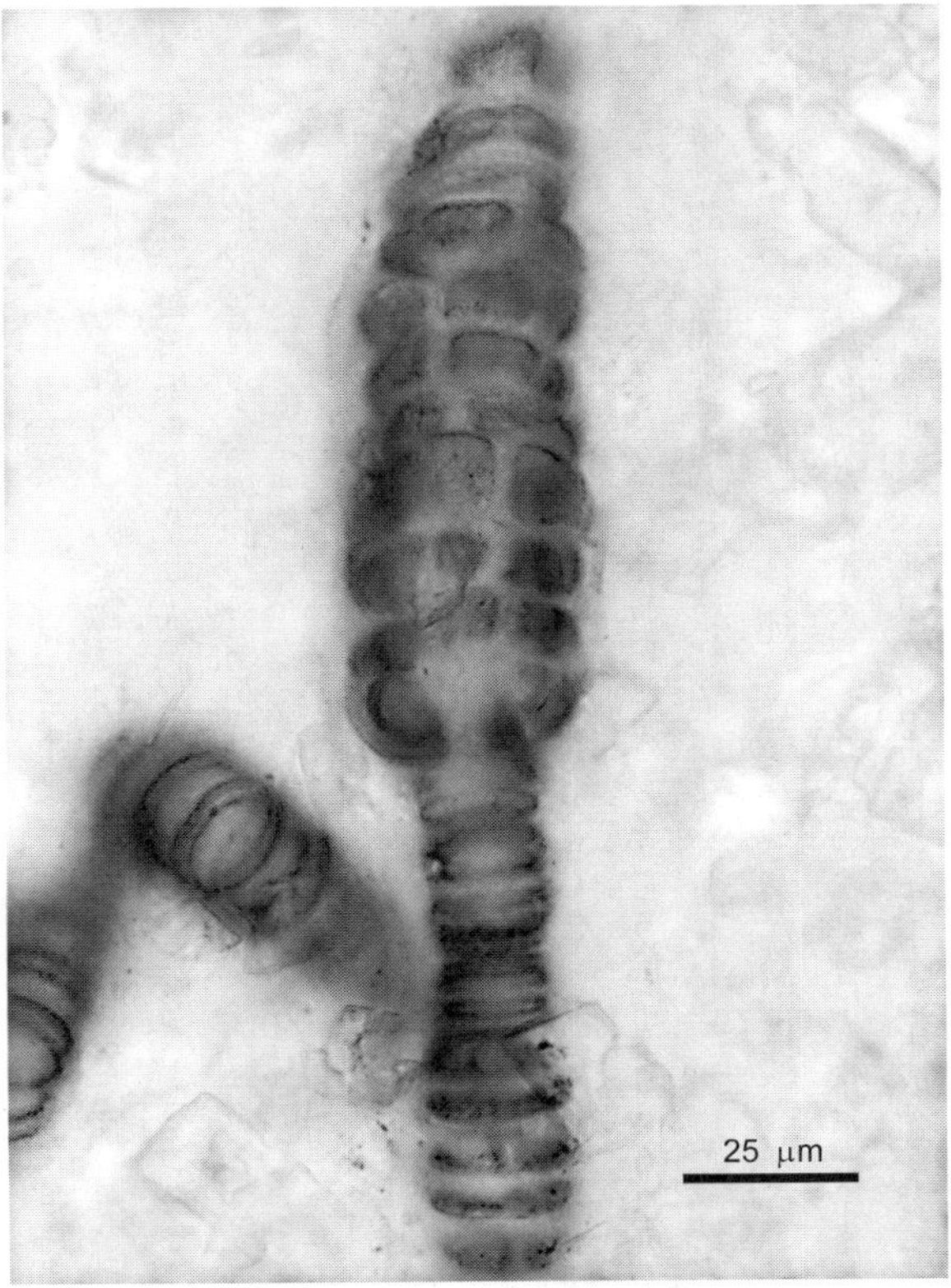

図8　バンギオモルファの拡大写真．先端部分の細胞が分裂の途中である．

な球形物のかたまりが見られる。事実、これらは配偶子であり、有性生殖とそれに伴う減数分裂が行われていたことを示している。バンギオモルファの構造や発生に関する詳細な研究から、さまざまなことが解明された。この生物はただ単に多細胞であるだけでなく、細胞分化も起きており、たとえば、付着根を形成する細胞は筆状の繊維を形成する細胞とは異なっている。そして、胞子の形成が見られ、性的な分業が行われていた。

新原生代と雪玉地球

新原生代は、今から10億年〜5億4200万年前にあたり、先カンブリア時代最後の代となる。新原生代に化石の多様性は増加している。性と多細胞の獲得によって、新たな生物が爆発的に増えたためだろうか。それともただ単に、生物が大きくなったことで、古生物学者が化石を見つけやすくなったからだろうか。いずれにせよ、今から5億7500万〜5億6500万年前に、非常に特徴的な多細胞動物たちが現れた。

世界もまた急速に変化していた。すでに述べたように、大気中に酸素が含まれるようになり、二度にわたってその濃度が爆発的に増えた。このとき、地球は非常に寒冷化して全体が凍結したと考えられている。新原生代の終わりから2番目の紀である氷成紀がその時代であり、当時の状況は雪玉地球（スノーボールアース）と表現される。

雪玉地球が実際にどのようなものであったのかに関しては多くの学説があり定かではないが、新原生代に地球が長期間にわたって寒冷化したことは間違いない。氷河によって削り取られた角礫（漂礫《ひょうれき》）や、氷河が巨礫を運ぶ際についた擦痕《さっこん》、そして氷山の底から海底に堆積した滴下礫など、この時代に氷河が形成されたことを示す証拠が数多く挙げられている。多くの地質学者にとって、これらの証拠は単に新原生代当時の極地付近が氷に覆われていたことを示すだけだと思われた。しかし、まったく違う見方をした科学者もいた。

カリフォルニア工科大学のジョセフ・カーシュヴィンクは1992年に、この時代に極地から赤道直下まで地球全体が氷で覆われたとする「雪玉地球」仮説を提唱した。当時赤道周辺であったはずの場所からもその時代の氷河堆積物が見つかっていることが、カーシュヴィンクの論拠であった。その後ハーバード大学のポール・ホフマンがナミビアで新原生代の堆積層の調査を行い、この仮説を裏付けた。

新原生代の地球は何百万年にもわたって完全に氷で覆われており、その後に火山の活発な噴火によって生み出された大量の二酸化炭素による温室効果の結果解氷したことを、ホフマンらは多くの証拠をもって示した。生命は氷の下で生き延び、解氷を待って多様化したと雪玉地球仮説の支持者は主張する。一方で、完全に凍結した地球で生命が生き延びるのは不可能であり、赤道付近には凍っていない海が存在したはずだ、という批判もある。当時の地球が完全に凍結したにせよ、そうでないにせよ、新原生代に大規模な氷河期を経験したことは確実であり、その氷河時代の終焉とともに複雑な構造をした多細胞生物が初めて地球上に現れた。エディアカラ生物群である。

エディアカラ丘陵の化石群

先カンブリア時代ともカンブリア紀ともわからない古い時代の砂岩から、葉のような形をした奇妙な化石が時折見つかることが知られていたが、これがいったい何なのかは、しばらく誰にもわからなかった。１９４６年にも、若手の鉱山地質学者であったレジナルド・スプリッグによって、オーストラリアのアデレード北方にあるエディアカラ丘陵からそのような化石が発見された。スプリッグが見つけたものは、クラゲのような形をしたもの、シダの葉のようなもの、それにミミズのようなものであった。

スプリッグがこれらの発見を論文にまとめて報告すると、エディアカラ丘陵の名は有名になり、こうした化石群はエディアカラ生物群とよばれるようになった。また、これらの化石を産出する地質年代――新原生代最後の時代――はエディアカラ紀とよばれる。エディアカラ生物は、オーストラリア以外にもアフリカやヨーロッパなどで発見されており、発見地点は30か所を超える。こうした化石はほぼ同じ年代、今から5億７５００万～5億４２００万年前のもの

図９　エディアカラ紀の想像図.

であり、地球上に初めて出現した真の生物群集、つまり複雑な構造をもった最古の多様な生物たちである。
これまでに、１００種以上のエディアカラ動物が記載されてきた（図９）。それらのほとんどは、クラゲやウミエラなど、現在の動物の仲間に分類されているが、それが正しいかどうかを判断することは非常に難しい。エディアカラの動物はカンブリア紀以降に出現した動物群とつながりをもたず、したがって現在の動物の分類基準を適用することはできないと主張する学者もいる。エディアカラ生物群をすべて動物ではなく菌に分類した学者までいる。テュービンゲン大学のアドルフ・ザイラッハーは、エディアカラ生物群はその体のつくりが現在の動物やその他のいかなる生物とも異なっていると論じた。エディアカラ生物の表皮はしなやかであり、これを通じて酸素や排泄物などの交換が効率よく行われていたのではないか、とザイラッハーは考え、これらの生物をまとめて「ヴェンド生物」と名付けた。ヴェンド生物は、ザイラッハーの解釈によると、車のタイヤやエアーマットのように気体でふくらんだ独特の構造をしている。表皮で包まれた内部にはガスが充満しており、放射状に気室が細かく分かれていることで、エアークッションやエアーマットのように頑丈さとしなやかさとを両立させている。

エディアカラ生物群はクラゲやウミエラの仲間であったのだろうか。それともエアークッションのお化けのような生き物であったのか。いずれにせよ、彼らは今から5億4000万年ほど前に、忽然と姿を消した(4)。だが、彼らがいなくなったことで、地球上から生命が消失したわけではない。生命の進化史上で最も重要な出来事の一つ、カンブリア紀爆発が、いよいよ始まろうとしていた。

(訳注2) 三つの域の系統関係に関しては、古細菌と真核生物とが姉妹群となることが、分子系統学的な研究からすでに解明されている。
(訳注3) 光合成が開始された年代が35億年前であるという考えには異論が多い。
(訳注4) カンブリア紀からエディアカラ生物の生き残りの化石が発見されたという研究報告がある。

第3章
骨格の獲得

ダーウィンにとって、化石記録は喜びよりも嘆きの種であった。ほとんどすべての複雑な生命形態が出現した時期であるカンブリア紀の爆発的進化以上に、彼を困らせたものはなかった。

スティーブン・ジェイ・グールド『パンダの親指』(1980年)

なぜおよそ5億4000万年前の化石から骨格が認められるようになるのかという問いは、かねてからの難題であった。科学者が降参するような難問は、創造説を唱える批評家が喜んでウェブサイトに掲載するだろうが、おそらくこの問題は解決できないような難題ではないだろう。事実としては、次の通りである。すなわち、エディアカラの生物たちが絶滅した後、5億4200万年前にカンブリア紀が始まりを迎える。その直後に骨格をもつ多種多様な動物たちが海に現れたという。生物学でいう「骨格」とは、生物の形を支える構造で、鉱化もしくは部分的に鉱化したすべての部分を含む。私たちが体内にもつ骨はもちろんのこと、軟体動物の石灰殻やサンゴの石灰質体、昆虫やカニの仲間の体表を覆う角皮（クチクラ）が骨格に相当する。し、異論はあるが樹木の幹もそれに含められるだろう。

新原生代のエディアカラ生物群の化石は、現在私たちがいろいろな動物に見ることができる殻や骨格をまったくもっていない。アドルフ・ザイラッハーが示唆したように、おそらくエディアカラの生物たちは、張りつめたエアーマットのような構造をもち、それに見合った体の大きさを有している。次の下部カンブリア系の岩石からは、世界中でさまざまな殻をもつ化石が産出する。硬骨格をもつ生物は、すべてが同時に、そして地質学的時間感覚でいえば、突如現れたように見えるのが事実である。まさに謎だ。なぜ、たとえば、最初に骨針をもつカイメンが見つかり、次に管状の部屋をもつサンゴが出てきて、そして殻の中に住む貝類へと続かないのだろうか。もちろん5億年以上もさかのぼって見る場合、すべての地層の年代を正確に決めることは容易ではない。しかし、すべての研究結果が、骨格をもつ動物が5億4200万年前に足並みを揃えて出現したことを示している。この劇的な出来事は生命進化における「カンブリア紀爆発」とよばれている。

この出来事が真実かどうかをめぐって、議論がなされている。ダーウィンを含む多くの進化学者や古生物学者は、カンブリア紀爆発は真実であり、実際に起こったことを見ているという。しかし他方では、私たちが見ているのは化石の不完全な保存の結果にすぎず、人為的なものにすぎないのではないか、という警鐘を鳴らす研究者もいる。たとえば、新原生代の終わりには岩石記録が大きく途切れる期間があり、そのような時期に堆積した地層が鉱化した骨格を保存させるにはふさわしくなかった、という可能性がある。本章では、骨格とは何か、そして化石と岩石記録が何を示しているのかについて探り、さらにカンブリア紀爆発が真実か否かという白熱した論争に迫りたい。

骨　格

骨格は動物にとって物理的な支えという重要な役割を担う。それ以外に骨格は筋肉が付着する場所でもあるし、無機養素の貯蔵庫でもある。したがってヒトの場合でいえば、私たちが歩いたり食べたりできるのは、骨をもっているからである。筋肉は骨の両端に付着し、それを収縮させることで手足を動かすことができる。食事の場合、アゴの筋肉が下顎を引っ張って頭蓋骨に対して上下させるし、アゴの骨が歯を備えている。いずれも食べるために不可欠である。

骨は、膠原タンパク質（コラーゲン）と燐《りん》灰石（燐酸カルシウムの一形態）骨片という二つの部分から構成される。膠原タンパク質は軟骨の基本構成要素で、私たちは鼻や耳などに軟骨をもっている。それは鉱化していない柔軟性のある骨である。現在生きている背骨をもつ動物

（脊椎動物）の中では、サメが体のほとんどすべてに軟骨性の骨格をもっており、部分的に鉱化しているにすぎない（もちろんサメの歯は鉱化している）。またカンブリア紀の魚の祖先は、ほとんどが軟骨の骨格をもっていた。

私たちの骨は、また無機養素の貯蔵庫としてもはたらいている。私たちが若くして育ちざかりの頃、体は大量のカルシウムと燐を食べ物から集める必要がある。そしてそれらは血管を通って骨へと運ばれる。もしある人が若い頃に飢えてしまったら、骨は適切に成長できずに発育が止まるだろう。年を重ねてからは、カルシウムと燐は必要になったときに骨の中から補給されるだろう。骨は生きており、骨には他の組織とともに血管が網状に走っている。食物が乏しいときは、カルシウムと燐は骨から吸収されて血液へと補給される。そして必要とされるところの細胞へ届けられる。無機養素は、後に食べ物が豊富なときに骨へ再度蓄えられる。したがって、もしあなたが自分の骨を切り開くことができたならば、子供の頃から現在までどのように骨が成長したか、その証拠を見ることができる。またカルシウムと燐の一時的な抽出や補充の証拠も発見できる。無機養素が抽出されて通り道が拡げられたり、逆に補充されてその部分が層状に満たされたりする。ちょうど硬水地域の水道管内部に石灰が付着していく様子に似ているだろう。

他の動物の場合、それぞれ違った形の硬骨格をもっており、炭酸カルシウム、二酸化珪素

（シリカ）、燐酸塩、酸化鉄などの無機鉱化物質から構成される。炭酸カルシウムは、顕微鏡で観察される有孔虫《ゆうこうちゅう》の殻をはじめ、ある種のカイメン、サンゴ、コケムシ、腕足《わんそく》動物（ホオズキガイ）、軟体動物、多くの節足動物（三葉虫、甲殻類、昆虫）、棘皮《きょくひ》動物（ウニ、ウミユリ）の殻や骨格を構成している。二酸化珪素は、浮遊性の放散虫やほとんどのカイメンの骨格をつくり、燐酸塩は、私たちがよく見ているように、通常燐灰石の形で脊椎動物の骨をなしている。また、ある種の腕足動物の殻やある蠕虫《ぜんちゅう》の仲間のきわめて小さなアゴと歯も、燐酸塩でできている。有機物からなる硬組織も存在し、木質素（リグニン）、繊維素（セルロース）、花粉胞子素（スポロポレニン）などは植物に、キチン質、膠原質（コラーゲン）、角質（ケラチン）などは動物に含まれ、それぞれ単独に、もしくは鉱化組織に伴って存在している。

最も単純な骨格が海綿動物に見られる。その骨針は、炭酸カルシウムもしくは二酸化珪素からなり、顕微鏡で見ると先がとがった形をしていて、それらが互いに結び付かずに集まって体を構成する。他の動物の多くは体の外側を覆う骨格をもち、それを「外骨格」という。（ヒトをはじめとする脊椎動物は、体の内部に骨格をもち、それを「内骨格」という。）サンゴ、腕足動物、軟体動物の外骨格（殻）には層構造が見られ、年ごと、もしくは月ごとに積み上げられた成長線が骨格や殻の外表面とそれらの断面に認められる。他に脱皮して外骨格を脱いでいく動物がいる。節足動物、線形動物をはじめとする動物が脱皮する。骨格を脱ぐという行為は、まさに特定の動物群にしか見られない特質である。

このように骨格にはさまざまなものがあり、多様な方法で骨格が構成されていることがわかる。内骨格をもつもの、外骨格をもつもの、そして脱皮するものもいれば、そうでないものもいる。動物たちの骨格は、それぞれ異なった鉱物構成からなっている。世界中の至るところで、これらすべての動物たちが同時に硬い骨格を進化させたように見えることを、いったいどのように理解したらよいのだろうか。先カンブリア時代末期からカンブリア紀にかけての進化過程を一つずつ追いかけていくならば、化石記録は私たちに何を示すだろうか。

小殻動物群

まず最初の段階は、いわゆる「小殻動物群」の時代である。小さな殻からなる動物たちなので、もっともなよび方といえる。しかしこの動物たちについてはまだ知られていないことがたくさんある。小さな殻をもつ生き物には違いないが、それらのほとんどの類縁関係がわかっていない。

小殻動物群は、先カンブリア時代の末期にすでに出現したが、最もよく知られているのは下部カンブリア系の地層からで、おそらく5億4200万年前から5億3000万年前のことである。小殻動物群は骨格をもつ大型化石が出現する前に出てくるため、カンブリア紀爆発の第一段階を示す化石として重要である。

小殻動物がどのような生物であったかを理解することは非常に難しく、単にそれらの形に基づいて名付けられているにすぎない（図10A）。小殻動物群は大きく二つに分けられる。一つ目は舌石蠕虫《ぜっせきぜんちゅう》類（ヒオリトヘルミント類）とよばれ、両端が開いた燐酸塩の管である。二つ目はトモティア類とよばれ、燐酸塩の円錐形の殻をもち、通常は対になって出てくる。他にも、炭酸塩を分泌する動物が塗りつけてつくった管、無節蠕虫類がつくったとみられる有機質な管、比較的大きな未知の動物の燐酸塩の板や硬皮が発見されている。

中でも硬皮は、私たちがほとんど理解できていないこれらの動物たちの全体像を知る手がかりを与えてくれる。動物の本体はほとんどなくなってしまっているが、顕微鏡で見なければならないほど微細な葉状硬皮のみが残されている。硬皮は可動性のある甲冑《かっちゅう》のようなものとして動物の体表を覆っていたと考えられ、松かさのような見かけではなかったかと想像される。中国から発見された特に保存のよいミクロディクチオン *Microdictyon*（微網虫《びもうちゅう》）とよばれる動物の化石は、硬皮をもつ動物の中に、少なくとも蠕虫のようなものがいたことを示している（図10B）。ミクロディクチオンは、楕円形の板を左右対にして体の長軸方向に並べており、歩行にかかわる筋肉の付着部となっていたようである。興味深いことに、硬皮の中にはかなり大

A

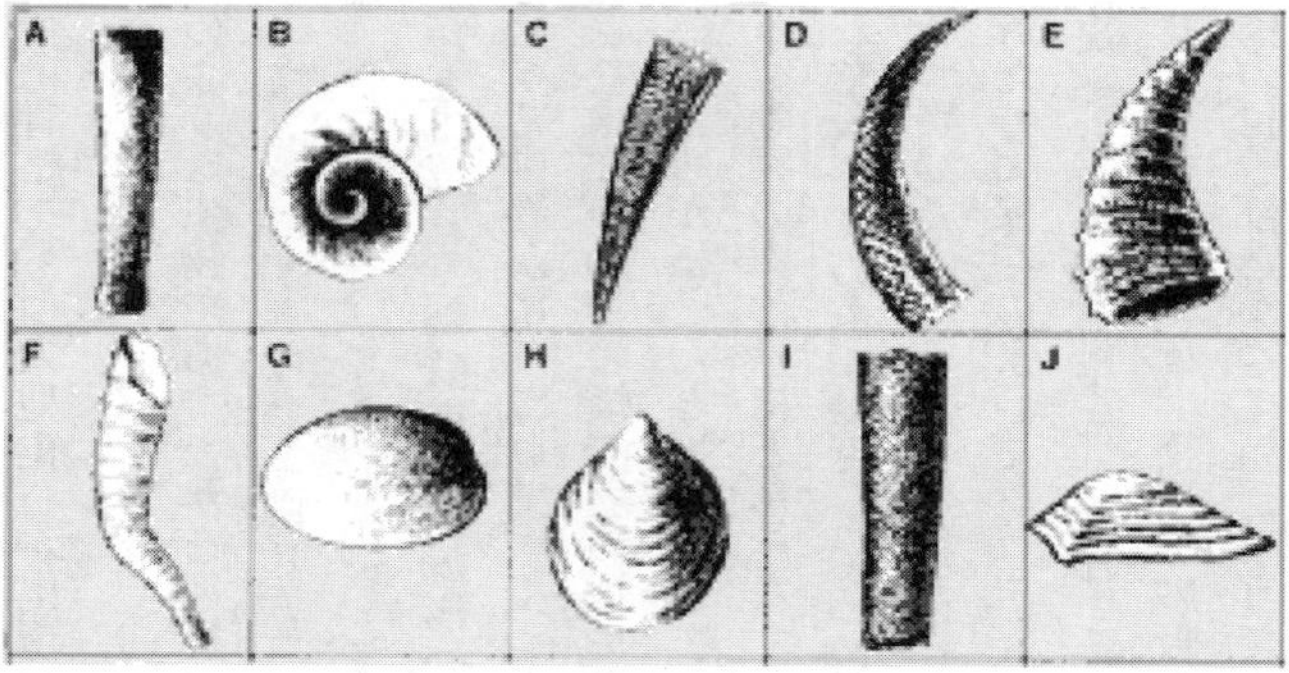

B

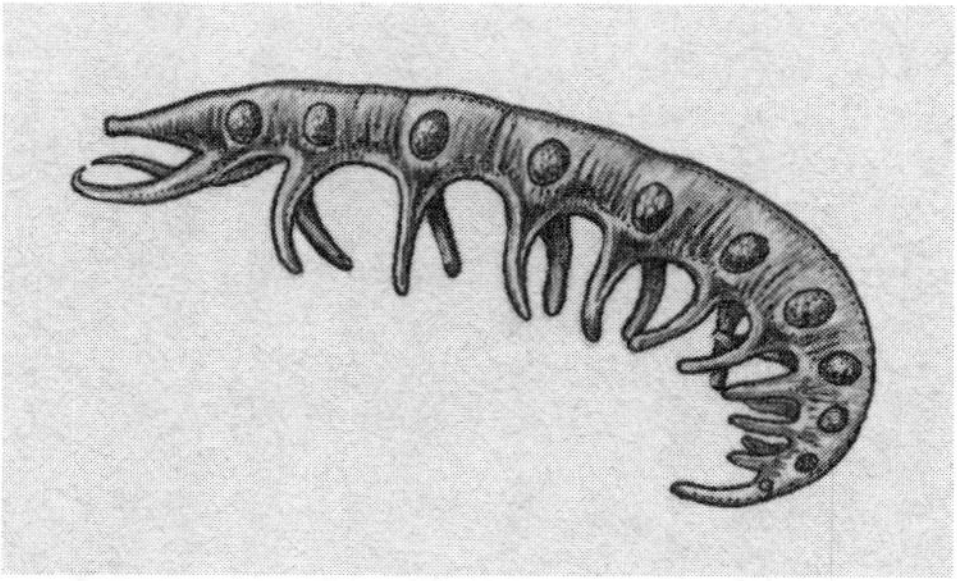

図10　カンブリア紀初期の化石．A：シベリアの先カンブリア時代とカンブリア紀の境界層から産した小殻化石の例．B：ミクロディクチオン．

きな別の動物に由来すると考えられるものが含まれている。このまったく知られていない大型動物は、正体不明な硬皮の化石以外には何も知られていない。

カンブリア紀爆発

カンブリア紀初頭の小殻動物は、カンブリア紀爆発が起こる前ぶれだった。カンブリア紀テレヌーブ世の終わりに向かって、小殻動物の時代と重なる時期に、10以上のおもな動物群が出現した。かつてはそれらがすべて一度に出現したと考えられていたが、注意深く見てみると、ある分類群が他のものの後に出現するといったように、順序立って現れる。その証拠は生物自体の化石によることもあれば、これまでに歩行跡や這い跡などの生痕化石によってしか知られていないものもある。後者の場合、かなり不確定要素の高い証拠であるが、多くの歩行跡や這い跡はそれらをつくった動物独特のものがあり、たとえば、脚や付属肢の跡があれば、それをつくった動物を限定しやすい。

順を追って見ていくと、まず海中で動物が勢力を拡大していく最初の段階は、新原生代末の5億5500万年前の生痕化石から類推され、カンブリア紀爆発の初期段階に相当する。この生痕化石は細長い体の左右相称動物、ほとんどが柔らかい体の蠕虫の仲間などによってつくられた。次の生痕化石の記録は、最古の節足動物、すなわち関節のある付属肢をもった動物が、カンブリア紀最初期のおよそ5億４０００万年前に出現したことを示している。そして5億３０００万年前になるとカンブリア紀爆発が本格化する。三葉虫や棘皮《きょくひ》動物といった最古の骨格動物が出現し、おそらく１０００万年ほどの間に世界の生物多様性が急激に増加した。軟体動物や腕足動物は、おそらくすでに小殻動物群に含まれていただろうが、この時期には明らかな化石として認められるようになる。カイメンの骨針は場所によって豊富に産する。

もしあなたがカンブリア紀初頭から半ばの世界へ旅したなら、新しく骨格をもった動物たちの中に、なじみのある種類や、初めて見るような動物も見つけるだろう（図11）。腕足動物は現在まで生き延びているが、５億４２００万年前から2億５１００万年前の古生代には今よりも大いに繁栄していた。腕足動物にはさまざまな形のものがいる。シャミセンガイ（リンギュラ属）の仲間はしずく型の殻を一対もち、堆積物に垂直な穴を掘って長い肉茎で体を固定して生活する。そして水中から食物粒子を濾《こ》し取って食べている。ほとんどの腕足動物は、穴の中ではなく海底面に生息している。2枚の殻は形が異なり、古代ローマのランプのような形をしているものが多い。それはちょうど木の実を半分にしたような形で、殻を開いて水を出し入れし、摂食と呼吸を行っている。腹殻は背殻より大きく、腹殻の殻頂に開く穴から肉径が出てくる（この穴がちょうど古代ローマのランプの芯出し穴にたとえられる）。腕足動物は古生代の

図11　バージェス頁岩の化石から復元されたカンブリア紀第三世の海.

海底に数多く生息していた。
カンブリア紀の棘皮動物は、ウニとウミユリの中間的な珍しい動物だった。それらの多くは膨らんだ体をもち、下へ伸びる茎で海底に付着していた。炭酸カルシウムでできた多角形の板を継ぎ合わせて、体表面の骨格を形成していた。彼らはたびたびある種の触手をもっており、それを使って海中の食物をとらえて口へ運んでいた。口は通常、体の頂部にあり、複数の触手に囲まれた中央に位置している。カンブリア紀の棘皮動物は、私たちが海岸でよく見つけるウニ、ウミユリ、ヒトデのような現在の種類とは大きく異なっていた。

三葉虫は古生代に特有の化石生物で、その出現はカンブリア紀爆発の核をなしている。すでに述べたように三葉虫が出現した最古の証拠は、カンブリア紀最初期の歩行跡の化石で、その後体の化石が見つかるようになる。三葉虫（図11の左端中央と右下）の体は、中軸部が体の長軸に沿って伸び、その両側に肋《ろく》が並ぶ、すなわち三つの部分（三つの葉）から構成される。三葉虫の体は前方から後方へ向かっても3部分に分けられる。すなわち、前方の盾状部分は頭部、体の中央部分は胸部、後方の盾状部分は尾板とそれぞれよばれている。体は前方から後方へ全体にわたって節が発達し、胸部の各節にはそれぞれ付属肢と毛の生えたエラがある。三葉虫は海底を動き回り小さな獲物を飲み込んだり、堆積物をかき分けて進み餌を探した。口は頭部の下に跳ね上げ戸のような形でついている。頭の先には触角が伸びており、現生のエビ、カニ、昆虫などの仲間が前方の状況を感知するように、感覚器官としての役割をはたしていた（三葉虫は海底のかき乱された泥の中やときには深海底に生息していた）。それにもかかわらず、ほとんどの三葉虫は眼をもっており、ときに独特な眼をもつものさえいた。その眼は、現在の節足動物のように、多数の管状個眼が集まってできており、それぞれの個眼には水晶体が備わっていた。古生物学者は三葉虫の眼を詳しく調べ、その水晶体が方解石の結晶（化石化によって変質していない場合）からなることを明らかにし、その眼を通して見てみた。5億年前に三葉虫たちが見ていた世界は、その眼にどのように映ったのだろうか。

カンブリア紀の動物たちの中に古杯《こはい》動物とよばれるものがいた。それは円錐を逆さにしたような形で海底に生息し、小さな礁《しょう》を形成していた。古杯動物はかつてサンゴの仲間だと考えられていたが、むしろ海綿動物に近縁ではないかとみられている。ただし海綿動物よりは丈夫な炭酸カルシウムの骨格をつくっていた。その礁は、場所によって水深10メートルに達していた。一方でより現在の仲間に近い海綿動物も存在したが、単に骨針が集まったようなつぶれた骨格の化石しか知られていない。軟舌貝《なんぜつがい》（*Hyolithes*）とよばれる円錐形の殻をもつ奇妙な動物が、カンブリア紀の化石としてごく普通に知られているものの、他の動物との類縁関係はよくわかっていない。最後に、私たち背骨をもつ動物が属する脊索《せきさく》動物門が、カンブリア紀に現れている。小さな葉やオタマジャクシ様の形の小型動物が、平坦な体の側面を大きくくねらせながら泳いでいた。

澄江《チェンジャン》――カンブリア紀爆発への扉

カンブリア紀爆発の細部にわたる証拠は、意外にも中国のある化石産地において運よく集められた。1912年に中国南部、雲南省《ユンナン》澄江《チェンジャン》から初めて化石動物が発見された。しかし1980年代から90年代になるまで詳しい研究はなされなかった。澄江の地層は50メートルの層厚をもつ帽天山頁岩《マオティエンシャンけつがん》とよばれ、5億2500万～5億2000万年前に堆積した地層である。この時期はカンブリア紀爆発の後半に相当する。

これまでに澄江化石生物群からおよそ185種の動植物が同定された。それらは、藻類、クラゲ、海綿動物、鰓曳《えらひき》動物、ミミズ様の蠕虫類、棘皮動物、三葉虫を含む節足動物、そして脊索動物（世界最古の魚類と脊椎をもたない脊索動物の両方を含む）に及ぶ。節足動物が最も多く、全動物の45パーセントに達する。節足動物以外の分類群に属するものが40パーセントを占め、残りの15パーセントは分類上所属不明な種である。この分類位置のわからない不思議な仲間たちがいったいどんな生物だったのか、古生物学者たちは頭を悩ませている。

澄江の化石はあらゆる骨格の特徴を見せているが、皮膚、腸の痕跡、眼の色素、エラの構造、分化した筋肉などの軟組織も認められる。軟組織は粘土の薄膜として保存されており、さまざまな量の鉄酸化物が付加することによって、時に赤、紫、黄といった見事な色を呈する。

しかしなぜこのようにすばらしい状態で保存されたのだろうか。澄江化石生物群の堆積場は、浅い海だったと考えられている。堆積物はおもに細粒な泥やシルト（淤泥《おでい》）であり、波や水流がほとんど起こらなかった。海底に生息していた動物と水中を泳いでいた動物は、いずれも死んだ後の死体は乱されることなく埋積した。季節による水温の変動と海水の循環が停止していたことから、当時の底層水は酸素に乏しい状態になっていた。その結果、腐肉を食べる動物がいなくなり、筋肉などの軟組織が細菌活動と粘土鉱物によってすぐに保存されていった。

澄江の節足動物たちは、骨格の起源について手がかりを与えてくれる。澄江から産した三葉虫は、後に出現する子孫と同様に、すべて炭酸カルシウムからなる硬い骨格をもっており、容易に化石化した。しかし、澄江から産する節足動物の90パーセント以上を占める三葉虫以外の節足動物は、鉱化した骨格をもたず、かなり軟らかかった。彼らの骨格はタンパク質のキチン質からなっており、それは昆虫の外骨格の主成分と同じである。鉱化していない節足動物の中には、はかなくも不完全な化石でしか知られていないものがいる。しかし澄江のような例外的に良好な保存状態の場合には、そのような節足動物の化石もよく残されている。たとえばカナダのバージェス頁岩からも知られているアノマロカリス *Anomalocaris* は、体長が60センチメートルから最大2メートルというとてつもない大きさのものまでが存在していた。この巨大な捕食動物は三葉虫に似ており、多くの体節をもち、頭部と尾部を備えている。体の両側面にはヒレに似た葉状片が多数並んでおり、それらを羽ばたかせて泳いでいたと考えられる。硬皮で覆われ、大きく曲がった触角にはかぎ爪の突起が生えており、それを使って獲物を捕まえていた。不幸にも捕えられた獲物は、アノマロカリスの円形の口へと詰め込まれていく。その口は今日では想像のつかない構造をもっていた。大きなパイナップルの輪切りのように見える口は、実際には互い違いに滑らかに動く複数の板からできており、古い写真機の絞りのように開閉していた[5]。

最古の脊索動物

アノマロカリスと同様に予期せず発見され、人々を驚かせた澄江の化石は、初期の脊索動物だった。古生物学者にとって、それはかなり勝手な思い込みだろうが、私たちを含めた背骨をもつ動物の属する脊索動物門が、他の動物門より少し遅れて出現したのではないかという固定観念があった。確かになぜか、脊索動物が動物進化の頂点にあると思いがちではないだろうか。しかし、実はそうではなかった。最初期の脊索動物の仲間がすでに多様化していたということがわかると、それはたいへんな議論を巻き起こし、古生物学界に衝撃が走った。脊索動物の化石には、紫、赤、黄といった色彩の際立つ軟組織が観察された。複数の博物館が発掘作業のために雇った農民たちによって、澄江の化石産地から数百におよぶ標本が採集された。実に6組もの中国科学者集団が地質学の最重要課題に取り組んでいた。化石標本は複数の研究機関で詳しく調べられた。化石記載や論文原稿は情報交換されたが、論文が出版されるまでは内容が漏れないように厳重に管理された。淡いしみ、くねった線といった軟組織の痕跡がそれぞれ何であるのか、何度も解釈が繰り返された。いったいその部分が、腸の痕跡なのか神経繊維なのか、肝臓の跡なのか食物片なのか、押しつぶされた脳なのか鼻孔なのか。

最も驚かされたものは、1999年に昆明魚《くんみんぎょ》（*Myllokunmingia*）と名付けられた最古の魚化石の発見であった。それはすなわち、最古の脊椎動物の産出を意味した。これまでに500点を超える化石標本が収集された。すべての標本が流線型で体長3センチメートルほどの小魚の特徴を示していた。頭部は形がはっきりしないものの、口と思われる部分が先端に認められる。その後ろには5ないし6の鰓嚢《さいのう》がある。25に及ぶ二重V字の筋肉節が、体の長軸に沿って並んでいる。他に心臓腔と幅のある腸などの内臓の痕跡が見られる。体長の3分の2に達する低い背びれが体の前方に、そして同様な長さの側鰭《そくき》が体の後方についている。昆明魚は感覚器を備えた明らかな頭部をもつので、脊椎動物と考えられる（脊椎動物はみな頭をもつことから、別名「有頭動物《ゆうとう》」ともよばれる）。検討の余地がある新発見には常に科学者の関心が集中するように、昆明魚やその近縁種に関しても数多くの論文が出版されてきた。昆明魚の種に関しては、おそらく3〜4種、もしくは1種に集約されるだろう。そして体の細部についての研究が続いている。

他に脊索動物と考えられるものの仲間に古虫《こちゅう》動物がいる。古虫動物に属する太古の動物たちは、すべて澄江からしか知られていない。現在の脊索動物門の中で、背骨をもつ脊椎動物が主要な仲間となっているものの、それ以外にもホヤやナメクジウオのような脊索動物が存在する。成体のホヤは、まったく脊椎動物からかけ離れて見える。彼らは肉質な袋からなる体を海底に固着させ、体の中央にある孔から水を出し入れして餌を得ている。しかし彼らと私たち脊椎動物との本当の接点は、ホヤの幼生期の小さなオタマジャクシのような遊泳動物に見られる。ホヤの子どもの背中には、硬い棒状の組織がある。これはまさに脊索動物にしか見られない特徴である。ナメクジウオは、医療で使われるランセット（両刃メス）に似ており、英語圏ではランセット魚とよばれるが、こちらはより脊索動物らしい姿をしている。成体になっても脊索が残されており、一生を通じて自由遊泳生活を送る。

澄江から産する古虫動物には複数の種が知られている。いずれもふくらんだソーセージのような形で、中ほどに体を二分する境界部がある。体は、前方のふくらんだ部分と、後方のしなやかに動く部分に分けられる。大きな口はふち取られて強化されており、体内には腸などの組織が残されている。体を二分するそれぞれの部分は、いずれも体軸に直交する節組織が発達し、筋肉もしくは硬化組織と考えられる。おそらく体の前方とみられる口のある部分には、5つの丸い孔が列をなし、鰓裂《さいれつ》ではないかと考えられている。古虫動物は確かに不思議な動物である。鰓裂は現在の脊索動物のみに見られる特徴なので、鰓裂をもつことは古虫動物が脊索動物であることを示唆している。しかしこれとは別に、古虫動物を脊索動物門に含めずに、脊索動物と棘皮動物の両方に類縁な仲間だとする意見もある。古虫動物を脊索動物門に含める場合、古虫動物をホヤと関連づける研究者もいれば、脊索動物の系統樹の根幹に位置づける研究者もいる。

澄江化石生物群は、カナダのバージェス頁岩の化石生物たち（図11）に比べて認知度が低いだろう。バージェス頁岩は澄江の帽天山頁岩より新しい年代の地層なので、カンブリア紀爆発の起こった後に位置づけられる。しかしバージェス頁岩の化石生物たちについては、１００年にわたって、より詳しく研究されてきた。澄江から発見されたアノマロカリスのような驚くべき動物たちの多くは、バージェス頁岩からもよく知られている。一方で、最古の脊索動物の仲間は、あまりよく知られていなかった。バージェス頁岩の化石生物たちの物語は、すばらしく説得力のある文章でたびたび紹介されてきたからである。

カンブリア紀爆発の意味

カンブリア紀爆発は多くの議論を巻き起こした。カンブリア紀爆発が生命の歴史の中で唯一無二のものだと考える専門家がいれば、他方では数ある急激な生命多様化現象の一つにすぎないという意見もある。またある研究者はカンブリア紀爆発そのものが存在しないと否定している。現在のところ何が真実と考えられているのか、そして何がカンブリア紀爆発を引き起こしたというのだろうか。

カンブリア紀爆発についての標準的な見方は、すべての主要な海生動物の仲間が骨格を獲得した後に多様化したことである。ではなぜそのような骨格の多様化が同時に起こったのだろうか。これまでに地質学者たちは、大気と海洋の化学組成が新原生代の終わりに大きく変化した可能性を述べてきた。おそらく新原生代以前は、たくさんの大型動物が進化するには酸素濃度があまりにも低かっただろう。もしくは、海洋がより多くの炭酸塩と燐酸塩を循環させるように変化したので、無防備な動物たちがそれらを手に入れて骨格を生み出すことが可能になったのではないかという。

残念ながら正直なところ、これらのような単純な考え方には同調できない。先カンブリア時代を通じて酸素濃度は上昇してきたが、カンブリア紀初頭にちょうど酸素濃度が大きく上昇したということは明らかになっていない。さらに、比較的大きなエディアカラ動物たちが、骨格はもっていなかったものの、５０００万年も前に存在していたといわねばならない。そして海洋の化学変化が動物分類群の垣根を越えてすべて同時に骨格をもつのに有利にはたらいたという考えは、あまりにも機械論的といわざるを得ない。動物たちが骨格をつくるための材料が出てくるのを待ちわびていて、たくさんの進化系列があるにもかかわらず、それぞれがそれぞれに体の中へと骨格の材料を取り入れていった、というような話が成り立つだろうか。

化石記録を細かく見てみると、カンブリア紀爆発は一瞬ではなく、少なくとも１０００万年間続いていた。地質学的に見ればあっという間ではあるが、生命にとっては十分長い時間である。動物たちが骨格を次々と獲得していく状況は、いわば軍拡競争の要素を含んでいた。ある動物が骨格を進化させると、他の動物もそれに応じていかなければならなかっただろう。もし餌となる動物が体の外に鋭い骨格を装備すれば、それを食べる肉食動物は新しい攻撃法に取り組まなければ、絶滅してしまうだろう。硬い甲羅に穴を開けるには、刺《とげ》の生えた付属肢をもたなければならなかった。そして、三葉虫や当時の巨大捕食者であったアノマロカリスのような肉食動物が増加すれば、骨格を装備するか死滅するかという、かなり直接的な進化の圧力がすべての動物たちに及んだに違いない。

カンブリア紀爆発について違う方面からの議論がなされている。スティーブン・グールドは、彼の著書『ワンダフル・ライフ』の中で、カンブリア紀が独特な時代であったということを強調した。すなわち、バージェス頁岩の種がそれぞれ驚くほど他の種と異なっていることから、体の基本構成の進化が自由に、そして大きく進んだ時期だったとした。そして節足動物の基本的な体の仕組みについていえば、その多様性は地質時代を通じてカンブリア紀が最大だった、という独自の見解を述べた。グールドはこのことを進化の新たな一形態をなすものと考えた。カンブリア紀にはどういうわけか、節足動物をはじめとする動物分類群が、それぞれ遺伝子の最大限の可能性を求めて激しく多様化していった。しかしその後は、動物系統樹の基本的な急成長はなくなったという。カンブリア紀の著しい生物多様性は、その後半分以下に縮小した。爆発的な進化と縮小した進化の両方が存在するという。

ほとんどの研究者はグールドの考えを受け入れていない。グールドは晩年の著作において感傷的な文章に我を忘れてしまったのではないかと思われる。綿密な定量を行った研究例としてバス大学のマシュー・ウィリスによる、バージェス頁岩の節足動物と現在の節足動物における形態多様性の相違について調べた研究が挙げられる。彼は、両方の節足動物群における構成種の間に形態多様性の比較が可能だということを示した。もし伊勢エビとチョウ、クモとクモガニ、オオツノカブトムシとダニをそれぞれ比較するならば、それらの相違はカンブリア紀の場合と同等かそれ以上のものになってしまう。彼の研究によって、カンブリア紀の海洋全体の動物と現在のすべての動物を比較したり、もしくは現在の一地域を限定してバージェス頁岩の一産地と比較することが普通に行われるようになった。

しかし爆発的進化は本当に起こったのか?

1996年に古生物学者たちをあっと驚かせるような発表がなされた。デューク大学のグレッグ・レイと彼の共同研究者たちは、新たな分子生物学的な証拠によって、動物の多様化がすでに12億年前に起こっていたことを突き止めた。この年代は、エディアカラ動物より6億年も早く、またカンブリア紀爆発より6億5000万年も早い。この新証拠は、先カンブリア時代の動物の化石記録（そしておそらく他の生物すべての化石記録）が、ある程度揃っているという以前の考えが誤っており、実際はかなり不足していることを示唆するものだった。カンブリア紀爆発は、先カンブリア時代へとはるかにさかのぼっていった。

レイは動物のさまざまな分類群からデオキシリボ核酸（DNA）とリボ核酸（RNA）の塩基配列に関する新データを得て、類縁関係の構築を試みた。彼らの研究は、後生《こうせい》動物（多細胞の動物を表す専門用語）の系統樹を正しく理解するためにはきわめて重要なものの、完成にはほど遠い膨大な作業の一部だった。数世紀にわたり解剖学と古生物学の研究が進められてきたものの、主要な後生動物門の間の類縁関係について意見は一致していなかった。節足動物は環形動物に近縁だと考えられていたし、海綿動物はおそらく系統樹の基部に近いと思われていた。そして棘皮動物と脊索動物は近い関係にあるだろうと考えられていた。他の20ある後生動物門に関しては、位置づけるのが困難な状況だった。分子生物学の証拠は、確かに後生動物の進化の理解に革命をもたらし、これまで特に問題とされなかった動物たちの類縁関係が明らかにされた。鍵となる発見は、体の軸に対して右と左が対称になっている動物、すなわち左右相称動物（脊索動物、棘皮動物、節足動物、そしてさまざまな蠕虫の仲間を含む）が重要だということと、左右相称動物の中の脱皮動物（時に骨格を脱ぐすべての動物、すなわち、節足動物、線形動物、そして6～7の目立たない分類群が相当）の仲間が互いに近縁だということである。

ひとたび系統関係が明らかにされると、分岐年代が示されることとなる。いつ後生動物が生じたのか。そして左右相称動物、脱皮動物をはじめとする、すべての大分類群や門がいつ現れたのか。レイと彼の共同研究者たちは、分子時計の手法を用いて、後生動物が現れた年代を12億年前とした。この値はその後すぐに他の研究によって確証された。

数年間にわたり活発な議論が進んでは後退することを繰り返した。ある研究者は、その時代に化石は存在しておらず分子時計年代は誤りではないかと主張した（私自身はこの手の反対論を展開するほうに属していた）。他方で12億年前の年代に賛成する研究者は、残念ながら化石記録が不十分なためだと言った。さらに3番目の意見として、12億年前と6億年前の多様化は多かれ少なかれいずれも正しく、6億年の差は表に出てこない進化の長い歩みだったと述べた。進化の導火線という言葉がこのような状況を表すために考え出された。すなわち、大きな分類群（ここでは後生動物）が多様化するという出来事が、分子時計によって年代が示されているものの、実際にはその最初の化石はかなり遅れて出てくるという状況である。ここでいう導火線とは、進化が続いていたことを意味しており、生物たちがまだ小さく個体数も少なかったため、化石として検出されなかったという。長い時間が経過し、何らかのきっかけによって生物たちが急激に増加したので、化石として発見されるようになった。

　このような長期にわたる進化の伏在は、なかなか信じがたい。進化の導火線の着想は、５００万年から１０００万年間程度、進化が隠れた状態にあるならば、まだ納得のいく説明となるが、生物たちが６億年もの長大な時間、多様化も絶滅もせずに自分自身を維持し続けたというのは考えにくい。

　進化の導火線の考えに対する理論的な論争は、ダートマス大学のケヴィン・ピーターソンたちの最近の研究によって、終止符が打たれた。彼らが採用した分子生物学の新証拠によれば、後生動物の起源は６億５０００万～６億年前の年代を示しており、最も古い後生動物の化石年代より古い。しかし、エディアカラ生物群よりわずかに古い年代値であった。当初の解析では遺伝子と計算方法に関して、さまざまな問題がつきまとっていた。しかし、最も大きな問題は、すべての年代値が初期の魚類をはじめとする脊椎動物によって知られた化石年代を分割し、外挿して求められていた点であった。そして初期の解析に携わった研究者が知らなかったこととして、脊椎動物の分子時計が、他の後生動物門と比べてかなりゆっくりと進む点が挙げられる。実際の速く進む時計の針を考慮せず、ゆっくり進む時計で計算された結果、かなり古い値がはじき出された。６億５０００万～６億年前の年代が12億年前へと倍増してしまったのは、こういう理由であった。

したがって、カンブリア紀爆発は事実上復活した。化石記録が示すように、すべての後生動物が新原生代にエディアカラ生物群の一員として硬い骨格をもたずに出現したのか、もしくはそれより早い時期だったのか、まだ結論は出ていない。すなわち５０００万～1億年間の後生動物の初期進化の歴史が欠如している。カンブリア紀爆発が本当に急速に骨格を獲得したことを示しているのか、もしくは化石の保存状態が単に爆発的に生物が増加したように見せかけているのか、まだ疑問は払拭されていない。

カンブリア紀爆発は、未だ変わらずに不思議な魅力を秘めている。三葉虫、腕足動物、棘皮動物、脊索動物、軟体動物といった新しい生物が、すべて海の中でそれぞれの地位を固めていった。そしてカンブリア紀、オルドビス紀、シルル紀へと進化を続け、ますます複雑な生態系を発展させていった。その一方で、この頃に別の何かが始まろうとしていた。生命の中にすでに海岸付近をうろうろし、陸へ上がろうと挑戦するものが現れたのだ。

（訳注５）平面を開け閉めするカメラ絞りというよりは、円平面の外側から内側へと立体的に開閉していたと考えられている。

第4章 陸上への旅立ち

動物たちが浅瀬から陸を目指したとき、彼らは自身の体に海の成分からなる体液をもったまま陸上で生活した。それは子孫へと引き継がれていき、今なお陸上動物たちの起源が太古の海にあることを示すのだ。

レイチェル・カーソン『われらをめぐる海』（1951年）

すべての生命は海で誕生した。私たち陸上動物には、かつて祖先が海で生活していた名残が進化の痕跡として体のあちこちに残されている。これは何も動物に限ったことではない。植物でも事情は同じである。以前は、生物の陸上への進出について次のようなシナリオが考えられていた——まず植物が今から4億年ほど昔のデボン紀かシルル紀の頃に陸上に現れ、ついで昆虫やミミズなどの小動物が陸上に進出してさまざまなニッチ（生態的な立ち位置）を獲得し、その後でがっしりとした体付きの魚のような形をした脊椎動物が水辺の泥地から陸上へと這い上がって虫などを食べるようになった。
だが、話はそれほど単純ではないことがわかってきた。それに、新たに得られた化石証拠に基づくと、生物が陸上に進出したのはこれまでに考えられていたよりもさらに古い時代であるようだ。新原生代にはすでに単純な構造をした光合成微生物が海辺や湖畔に存在していたと、現在では考えられている。ところで、この生物の陸上進出に関する問題は、わざわざ一章を設けるほど重要なのかと疑問を呈する向きもあるかもしれない。ただ単に私たち自身が陸上の生物だから、主観的な立場からこの問題に興味を示すだけなのではないか、と。そうではないのだ。この問題は地球と生命の歴史を理解する上で、非常に重要である。それには二つの理由がある。

一つ目の理由は、現在の生物多様性は、陸上生物の多様性によるところが大きい点である。現在、海にはおよそ50万の生物種が存在していると考えられているが、一方で陸上生物の種数はその10倍以上と見積もられている。陸上生物の大部分は昆虫類が占めているが、昆虫以外の節足動物（クモやムカデなど）や顕花植物などであっても、海産のどんな生物グループよりも種数が多い。生命は、陸上進出後にものすごく多様化したのである。

そして二つ目は、生命の陸上進出によって地球の表面が大きく変化したことである。生命が陸上に進出するまで、土壌は存在しなかった。地表は不毛の岩石で覆われており、現在の10倍以上もの速さで浸食作用が進んでいた。山々はすべて険しい岩山であり、平地には砂塵が吹き荒れていた。生物が陸へと進出することで土壌（細かく粉砕された岩と有機物とが混ざり合ったもの）がつくられ、土壌と植物とが水辺から内陸奥地へと、しだいに地表を覆っていったのである。

こうした生物の陸上進出は実際に新原生代にはじまったのだろうか。

先カンブリア時代の菌類

カンブリア紀に入る前の今から6億年前に陸上植物が存在していたことが分子生物学者によってDNAの分子時計の計算から推定されたとき、古生物学者たちはこの結果に猛反発した。この推定結果は、陸上植物の起源を、これまで化石などをもとに推定されていた年代よりも2億年も古くに見積もっていた。しかしこの時代の岩石から、地衣類《ちい》の仲間と考えられる化石が見つかっている。地衣類とは菌類と藻類（藍色《らんしょく》細菌を含む）からなる「共生生物」であり、一般に植物のコケと見た目や生態が似ている。

先カンブリア時代の地衣類の化石は、2005年に中国の陡山沱《ドウシャントゥオ》累層から報告された。陡山沱累層は新原生代後期の地層であり、いわゆる化石保管庫として特に保存状態のよい化石を産出する堆積層の一つとして知られている。この地衣類の化石標本もまた、非常に保存状態がよく、細胞に至るまで観察できるほどである。原生累代に藍色細菌が薄い膜となって地表を覆い(現在でも、砂漠地域などではそうなっている)、光合成を行うとともに薄い土壌を生成していた、とこれまで考えられてきた。最古の化石土壌は今から12億年前の地層から発見されているが、それはおそらくそうした活動によってつくり出されたのだろう。だが、陸上植物が陸を覆い尽くすよりはるかに昔の先カンブリア時代末期には、少なくとも水辺周辺の地表はすでに緑で覆われていたことを、陸山沱累層の地衣類は示している。

地衣類は菌類に藻類が共生したものであり、菌類は植物ではない(49ページ参照)。陸上植物の起源が、分子生物学者の推定した通り先カンブリア時代にまでさかのぼるのかどうかについては、まだ検討の余地が大きい。少なくとも、植物らしい構造をした植物は、もっと後の時代になるまで陸上には出現していなかったはずである。

陸上の緑色植物

今から4億5000万年ほど昔のオルドビス紀の頃から、陸上は緑色植物で覆われはじめた。最初に出現した陸上植物は蘚苔《せんたい》類、いわゆるコケの仲間だと考えられている。これまでに記録されている最古の蘚苔類の化石はオルドビス紀のものと推定されている。ただしその記載は不十分であり、また一方で、パラフナリア *Parafunaria* という蘚苔類の仲間と考えられる化石が中国のカンブリア系から発見されている。

オルドビス紀に植物が陸上に存在していたことを示唆する証拠は他にもある。たとえば、オルドビス紀の土壌には植物の根のような構造が含有されていることがある。さらには、オルドビス紀中期以降、微小化石のレパートリーに胞子の化石が加わった。胞子は陸上植物がつくるものであり、したがってこの時代にはすでに陸上植物が存在していたことを示唆している。ただし、これらの胞子の化石をめぐっては、まだ議論が続いている。それらは本当に陸上の緑色植物に由来するのだろうか。それともひょっとしたら、当時地衣類として陸上に存在した緑藻類（光合成をする原生生物）がつくり出したものにすぎないのかもしれない。

オルドビス紀の胞子は、ゼニゴケのような小さな蘚苔類によってつくられた可能性が高いことが、シェフィールド大学のチャーリー・ウェルマンによって2003年に示された。オルドビス紀の胞子は仔細な構造が現在のゼニゴケの胞子と類似しており、また胞子がまとまってクチクラの袋に入っている構造も、ゼニゴケの胞子嚢《のう》によく似ている。

現在の蘚苔類は陸上生活に非常によく適応しており、葉や茎は防水性のクチクラで覆われている。多くの蘚苔類の葉には「気孔」があり、この器官によって水の蒸発量などを調節して、水分の枯渇を防いでいる。蘚苔類の中には、極度の乾燥で完全に干からびてしまっても、雨が降ってふたたび水分を獲得すると、何事もなかったかのように元に戻ることができる種も存在する。オルドビス紀にまず背の低いコケのような植物が陸上に出現し、その後に大きな緑色植物が登場したと考えられている。

陸上生活への適応

私たちヒトは海にもぐると息継ぎに苦労するため、海から陸への適応進化の過程で最もネックとなるのは呼吸だろうと、ついつい考えてしまいがちである。だが実際のところ、呼吸方法の変革は陸上に進出したばかりの動物にとってはそれほど重要な問題ではなかった。植物にとっての問題点はさらに大きく異なっている。植物が陸上に進出するにあたって大きな課題となったのは、栄養分や水の確保、脱水の防止、それに姿勢の維持であった。

中でも栄養分の確保が最も重要な課題である。水中では、栄養分が水に含まれているため、体表面全体から水と栄養分を吸収すればよかった。だが陸上では、水も栄養分も地中から摂取せねばならず、さらには摂取した分を体全体に行き渡らせねばならない。陸上植物は通常、特別に発達した根をもっており、それを使って水分や栄養分を土から吸い上げて、全細胞に張りめぐらされた輸送路によって体のすみずみまで運んでいく。この「輸送路」のシステムは、蒸散という葉や茎から水分が蒸発する作用によって駆動されており、体の先端から水分が抜けることで、流体力学的にそれを補う分が下から吸い上げられる仕組みになっている。

次に重要な課題は水分の確保である。水中では、当然のことながら水に困ることはなく、水分が体の内外を自由に出入りしても問題はない。だが陸上植物の場合、蝋《ろう》質の表皮によって体表面全体が覆われ、水分が自由に出入りできないようにできている。いくつかの蘚苔類を含む陸上植物のほとんどの種では、葉の裏などにある気孔によって水蒸気をはじめとする気体の交換が制御されている。気孔は、二酸化炭素濃度や光の量、水分量に応じて開閉し、体内水分の確保などにつとめている。

三つ目に姿勢の維持が挙げられる。水中では水の比重が大きいので、ただ浮いていればよい。だが陸上では、たいていの場合そうはいかない。どんなに小さくとも、光合成のために光をより多く浴びるには重力に逆らって立たねばならず、このために支えとなる骨格構造が必要となる。すべての陸上植物は「水力学的骨格」をもち、体内の水圧を利用して体を支えている。それに加えてさらに、「木質素（リグニン）」という丈夫な有機高分子で繊維などを固着させて堅い骨格を得ている植物もいる。

維管束植物の出現

現在の陸上植物は、蘚苔類と維管束植物の二つに大きく分類できる。現在知られている最古の維管束植物は、南アイルランドの、シルル紀中期にあたる4億2500万年前の地層から発

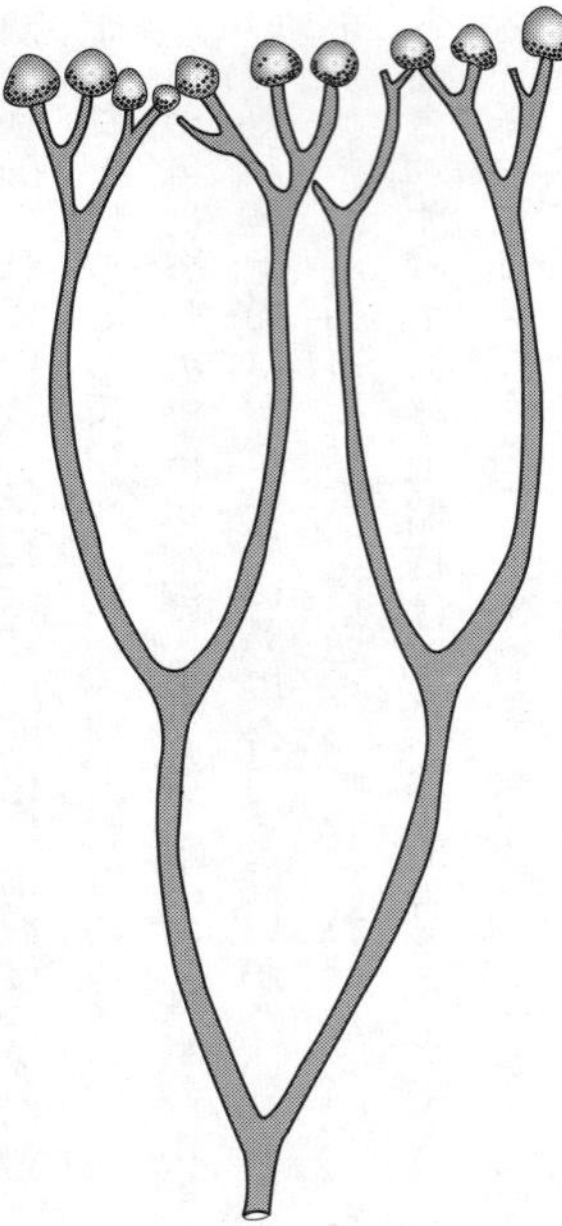

図12　クックソニア.

見されたクックソニア*Cooksonia*という植物である(図12)。この植物は、これ以降およそ3000万年間生存していた。クックソニアは、円柱状の茎がいくつもの箇所で二股に分かれた形をしており、それぞれの茎の先端には帽子のような格好の胞子嚢がある。クックソニアの背丈は、シルル紀のわずか高さ数ミリメートルのものから、デボン紀の65ミリメートルになるものまで、さまざまである。

カーディフ大学のダイアン・エドワーズはこれら小さな植物

の研究に生涯を捧げ、その研究成果として、胞子嚢の中に入っている胞子や維管束の薄い壁、そして茎の外表面にある気孔などを発見した。クックソニアの標本のほとんどは不完全なものであり、精密な観察にはとても高度な技術が要求されるため、こうした発見は驚くべきことであった。

シルル紀のクックソニアはせいぜい丈6センチメートル程度で、芝生の草よりちょっと高い程度だったと考えられている。だが今から4億年ほど前のデボン紀初期になると、維管束植物は大きくなっていった。デボン紀初期の陸上の植生は、イギリスのスコットランドにあるライニー・チャートの化石からうかがい知ることができる。ライニー・チャートのあるライニー村は辺鄙《ぴ》な場所にあるが、1914年にそこで最初の化石が発見されると、たちまち注目を集める場所になった。なぜならば、こうした最古の植物が見つかるだけでなく、植物化石の種類が多様であり、保存状態もすばらしくよいからである。それに、幹や茎の間そこかしこから、小さな節足動物やその他の動物の化石も発見されている。

ライニー・チャートの化石は、鉱泉の噴出による瞬時的な珪化作用によって保存された。アバディーン大学のナイジェル・トレウィンとクライヴ・ライスは、スコットランドの大部分がデボン紀初期には火山が活発に活動する地域であったことを示した。特にライニーは現在のイエローストーン国立公園のような状態であり、間欠泉の噴出によって珪素を多く含んだ水が35度の温度で植生を浸し、そのときの生態系がそのまま岩石となって永久保存されたのである。こうしてできたライニー・チャートはきわめて独特であり、硬い燧石《すいせき》質の岩石に白黒の斑が入っている。岩盤表面で化石を見ることはほとんどできず、化石を観察するためには顕微鏡観察用に薄片を切り出し、高倍率でのぞく必要がある。

ライニーの化石群には、7種の陸上維管束植物のほか、原生生物や菌類、地衣類の1種、細菌類、それに6種の陸上性あるいは淡水性の節足動物が含まれている。驚くべきはそれらの化石の保存状態である。まるで後世の観察に供するために組織を注意深く凍結させたかのように、個々の細胞や微細な構造に至るまで保存されているのだ。

デボン紀初期のライニーには背の高い森はなかった。もし当時のスコットランドに散歩に出かけたならば、植物の緑は池や川のほとりに限られていたであろうし、最も背の高い植物もせいぜい膝をかする程度だっただろう(図13)。もっとよく見ようとすれば、どうしても四つん這いになって虫めがねを使う必要がある。比較的背の高い植物のほとんどは滑らかな茎をもっていて、クックソニアと同じように単純に二股に枝分かれしていく構造で、各枝の末端には結び目のような胞子嚢を備えている。アステロザイロン *Asteroxylon* は、小さなうろこ状の葉を茎から生やしている。これらの植物の切片を顕微鏡で観察すると、単純な維管束や気孔、それ

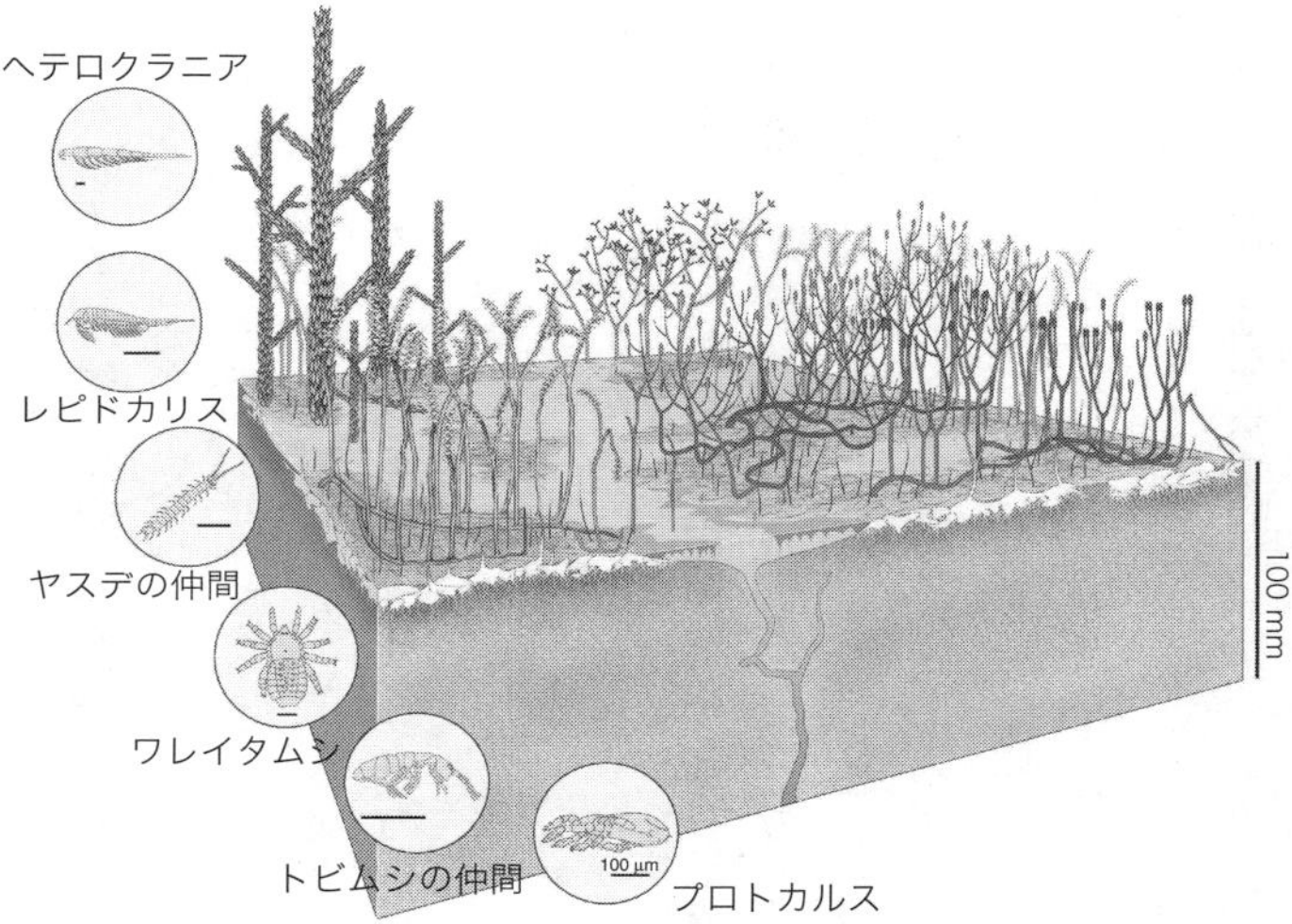

図13　ライニー・チャートの生態系.

に胞子などを見つけることができる。それらの植物の間にはクモのような形をしたワレイタムシや昆虫のようなその他の節足動物が這い回っており、中には植物の内部に侵入しているものまでいる。温暖な池には甲殻類が住んでいた。

デボン紀全体を通して、コケやその他の蘚苔類は湿った場所に生息し、あまり多くの変化は見られない。しかし、維管束植物は目まぐるしい進化を遂げた。最初は水辺に限定されていた生息場所も、しだいに内陸奥地へと拡がっていった。ライニー・チャートの植物は水平に伸びた根茎から生えており、その根茎はたいてい水や湿地の下にあった。このように、デボン紀初期のライニーの植物はすべて水場にじかに接触していた。しかしデボン紀の中で時代が進むにつれて維管束植物の根は進化していき、水場にじかに接触する必要がない植物も現れた。根を使って地中深くの湿った場所を探し、蒸散によって水を吸い上げて体全体に行き渡らせることができるようになったのである。こうした変化によって、デボン紀の後期にはアシやヨシよりも大きな植物が出現し、デボン紀の終わり頃には樹木とよべるものまで現れた。そして次の石炭紀には広大な熱帯雨林が拡がった（123ページ参照）。

茂みにひそむ動物群

オルドビス紀前後の古土壌や胞子を含む堆積物から陸上動物を探し出そうと古生物学者は努力を重ねてきたが、残念ながらこれまでのところ幸運に恵まれていない。しかし、この時代にとても大きな動物が地上を動いていたことを示す興味深い報告はある。カナダ地質調査所のロバート・マクノートンと同僚らは、カンブリア紀末期かオルドビス紀初期のものと推定される当時砂漠であった砂岩に、何らかの動物によって残された大きな移動跡を発見した。その移動跡はV字が重なった形をしており、大きいものでは幅29センチメートルにも達している。これはおそらく、尾部がV字型をした何らかの軟体動物や環形動物あたりが砂地を這っていた跡であろう。このように大きな動物がカンブリア紀末期の地上に生息していたことは、実に驚くべきことである。

陸上動物の体そのものに関して現在報告されている最古の化石は、スコットランドおよびウェールズとの境界近くに位置するイングランドのシルル紀後期の地層から発見されている。マンチェスター大学のポール・セルデンは共同研究者らと、そこで発見されたいくつもの角皮（クチクラ）の破片から、たくさんの種類の節足動物が当時の陸上に存在していたことを示した。それらの化石はどれもこれも微小で、有機物を多く含んだ黒色の泥岩から発見されており、ひと目見てそれとわかるものではなかった。セルデンらはそうした泥岩を砕き、フッ酸などの酸で処理して有機物と無機物とに分けた。彼らは、このようにして得られた有機物群から動植物の角皮を顕微鏡下で選り分けたのである。この研究の結果は衝撃的であった。現在の節足動物と非常によく似た脚や頭殻、腹部、それに他の部分の破片が見つかったのである。

これら最古の節足動物には、ヤスデ類とワレイタムシ類が含まれている。ヤスデ類は現在でもよく知られているが、ワレイタムシ類はあまり知られていない。ワレイタムシ類はクモによく似た絶滅節足動物で、クモと同じように8本の脚をもち、少なくともいくつかの種ではクモと同じように、腹部後端にある出糸突起から糸を出すことができた。現在のクモも腹部と頭部との間のくびれはさして狭くはないが、ワレイタムシのくびれはもっと目立たず、腹部と頭部はほぼ一体化しており、甲虫などによく似た形をしていた。ワレイタムシの仲間は、最古の植物の茂みの中で獲物を待ち伏せするハンターであった。

こうした化石よりは若干年代が新しいが、前節で述べたようにライニー・チャートにもまた、古い時代の陸上動物の化石が多く含まれている（図13）。ライニー・チャートには、シルル紀後期に見られたヤスデ類やワレイタムシ類に加えて、エビ類やトビムシ類も含まれている。トビムシは昆虫に近縁だが昆虫ではない奇妙な節足動物で、叉状器《さじょうき》とよばれる前方に向けた二叉の器官を腹部下面にもっている。捕食などの危機に直面すると、この叉状器を使って大きくジャンプし、自分の体長の80倍もの距離を一瞬にして移動することができ、クモやワレイタムシに対する効果的な防御方法となっている。

デボン紀中世に入ると、さらにいくつかの現生節足動物につながる仲間が見られるようになる。ニューヨーク州ギルボアにあるデボン紀中世の化石林から、ヤスデ類やワレイタムシ類に加えてダニ類、それに最初の昆虫やクモ類の化石が見つかっている。サソリの仲間に関しても、淡水性であると考えられるものはもっと古い時代からも発見されているが、完全に陸上性となったものはデボン紀中世にはじめて出現した。他にも、肉食の脚の長い唇脚類《しんきゃく》（ムカデやゲジなど）の仲間などがこの場所から見つかっている。

シルル紀後期からデボン紀にかけての陸上生態系は、現在のものとはかなり違っている。当時の節足動物はおもに肉食もしくは堆積物食（堆積物とともに、それに含まれる生物の排泄物や遺骸などに由来する微細な有機物を食べること）であり、植物食動物はほとんど、あるいはまったく存在しなかった。植物食であるためには、植物の繊維（セルロース）や木質（リグニン）を分解できる特殊な腸内細菌が必要であるが、シルル紀やデボン紀には、まだ腸内細菌との共生関係が築けていないなどの理由で、それらを分解する能力をもっていなかったのではないだろうか。逆に現在では、陸上節足動物の大半は昆虫類であり、庭の葉を食い荒らす幼虫や木造家屋をわずか数週間で食べつくすシロアリなど、植物を食べる昆虫は枚挙にいとまがない。

本節では、古代の陸上植物の茂みの中にいた動物たちをクローズアップした。シルル紀やデボン紀の節足動物はどれもこれも小さく、体長はわずか数ミリメートル程度である。節足動物に比べて非常に稀にしか化石が見つからないが、いくつかの種類の軟体動物や環形動物も当時の陸上植物の茂みの中で生活していた。しかしやがては、より大きくてどっしりとした動物が地上に現れ、こうした栄養たっぷりな小動物たちを食べ始めるのである。

四肢動物の登場

脊椎動物は非常に大ざっぱに、ヒレを使って水中を泳ぐ魚と、四肢を使って地面を歩く四肢動物（四足動物）とに分けることができる。そして、現在の四肢動物は両生類・爬虫類・鳥類・哺乳類の4グループに分けられる。だが最初に現れた四肢動物は、さまざまな点で現在生きているいかなる四肢動物とも異なる生物であった。熱帯の海にサンゴ礁が広がり、ヨロイをまとった魚（甲冑魚《かっちゅう》）が浅い海を泳いでいたデボン紀に、魚から四肢動物への移行は起こった。デボン紀の甲冑魚は驚愕に値する。たとえばダンクレオステウス *Dunkleosteus* という板皮《ばんぴ》類の魚は体長が10メートルにも達し、大きなアゴであらゆるものを飲み込んだであろう。その一方でヨロイをもたない魚の中には肺と肉質のヒレをもち、このヒレで湖の浅瀬をのそのそと動くものもいた。

２００６年に、魚から四肢動物への移行過程を考える上で非常に重要な化石が報告された。カナダ極北のデボン系から発見された3体の化石は、エラやウロコ、それに流線型の頭蓋骨《とうがいこつ》などをもつ大きな魚のような生き物であったが、その一方で回転可能な手首や肩の関節、動かすことのできる首、体重を支える肋骨など、四肢動物の特徴も備えていた。ティクターリク *Tiktaalik* と名付けられたこの生物は、明らかに陸上を這うことができ、また肺呼吸をすることができた。

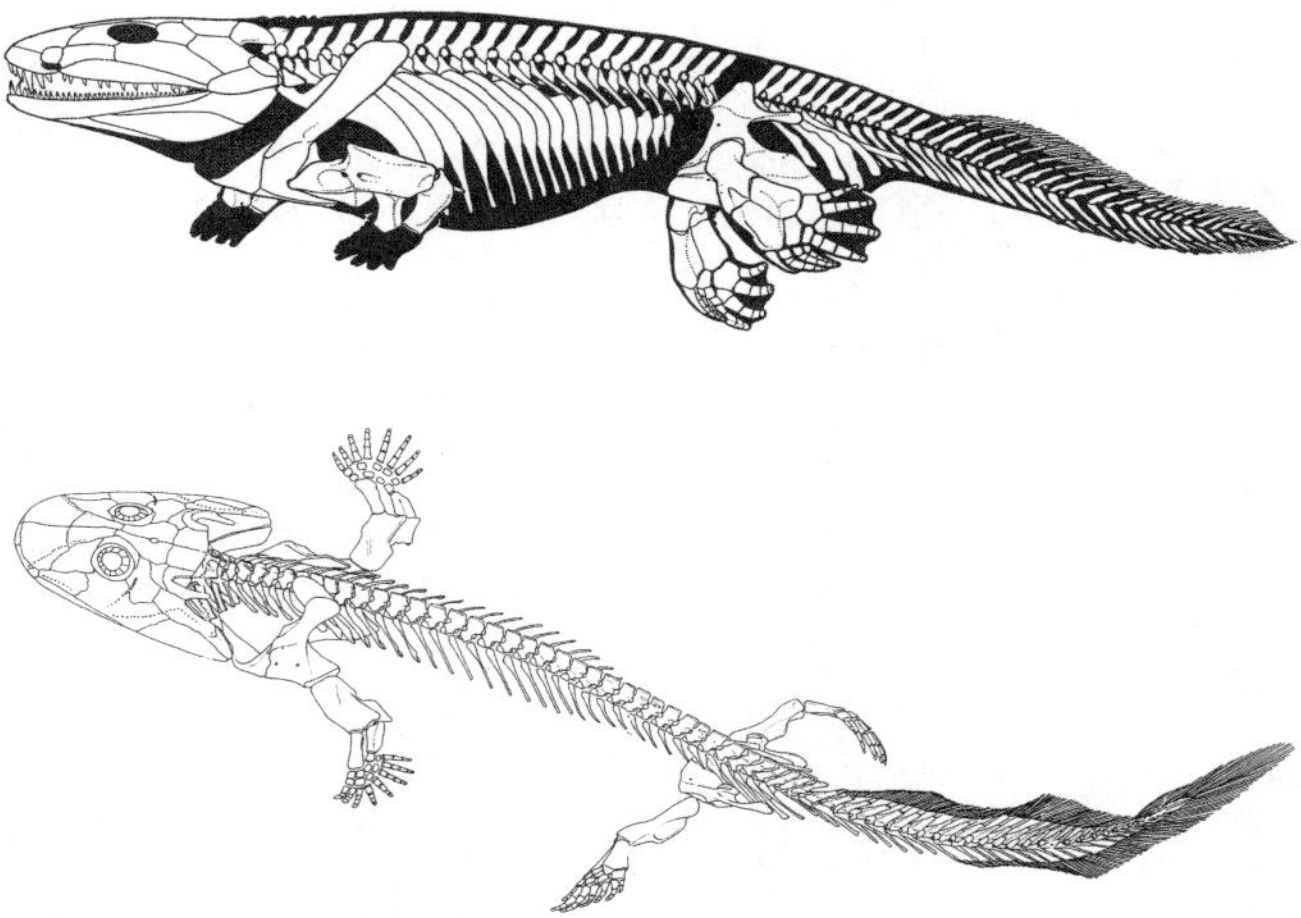

図14　イクチオステガ（上）とアカントステガ（下）.

陸上進出への次の段階は、デボン紀新世の3億7000万年前のいくつかの化石に見ることができる。1929年にグリーンランドで発見されたそれらの化石は、アカントステガ *Acanthostega* およびイクチオステガ *Ichthyostega* と命名された（図14）。それらは体長0・5〜1・2メートルほどで、肉食であり、おそらくは魚を食べていたのだろう。アカントステガとイクチオステガはどちらも、流線型の頭部や尾ヒレの存在などといった魚によく似た体の構造をしている。頭蓋骨は魚であった頃の祖先の特徴をそのまま受け継いで流線型をしていて、側線が管状の構造をしていた。この側線の構造はデボン紀の魚にも見ることができ、水中で感覚器官として機能していたのだろう。現在の魚類にも、この構造は受け継がれている。

アカントステガやイクチオステガが魚と最も異なっている部分は、四肢と肢帯（四肢の付け根となる肩帯《けんたい》と腰帯《ようたい》）である。魚では、肩帯は頭蓋骨の直後、エラより前に位置しており、このため頭部付近がより頑丈な構造になるとともに、「胸ビレ」の基部が胴体にしっかりと固定される。だが陸上を歩く動物の場合、肩帯が頭蓋骨と直接結合しているといくつかの点で都合が悪い。歩くたびにいつも肩帯が頭部に干渉し、このために聴覚やその他の感覚も阻害されるだろう。アカントステガやイクチオステガの腰にある腰帯は椎骨に左右両側で結合しており、このために後肢がよりしっかりと固定されている。

アカントステガとイクチオステガの四肢こそが、陸上で生活するすべての脊椎動物を生み出すもととなったデザインである。彼らの四肢はまさしく私たちの手足と同じものであり、前肢と後肢の近位部（胴体に近い部分）は1本の骨（上腕骨および大腿骨《だいたい》）で、遠位部（手足首と関節の間の部分）は1対2本の骨（前肢：橈骨《とうこつ》と尺骨《しゃっこつ》、後肢：脛骨《けいこつ》と腓骨《ひこつ》）で、それぞれ構成されている。手首や足首、それに指を構成するたくさんの細かい骨も同じである。ところが一つ大きな違いがある。彼らと私たちとでは指の数が違うのだ。

1990年に、ケンブリッジ大学のマイク・コーテスとジェニー・クラックは、彼らが所有するアカントステガ標本の前肢を詳細に観察して、驚くべき発見をした。指が8本もあったのである。後肢の指の数も8本であった。また、イクチオステガの手足の指の数はそれぞれ7本であり、アカントステガやイクチオステガに近縁なロシアで発見されたテュレルペトン *Tulerpeton* の指の数は6本であった。

私たちヒトの手足の指はそれぞれ5本であり、両手を合わせて10本の指で物を数えてきたため、私たちは数字に十進法を使うようになった。もし私たちの指が6本や7本、あるいは8本であったなら、算数の世界はずいぶんと違ったものになっていただろう。それに、ピアノやクラリネットなども……。この発見に対するコーテスとクラックの見解は非常に明瞭である。つまり、5本指というのは四肢動物の基本的なデザインではないのだ。発生学に関する最近の研究も、この見解が正しいことを示している。

四肢動物の発生過程で、非常に初期の胚は肢をもたない。だがしばらくすると前肢や後肢となる小さな肢《あし》の突起が現れ、最初はただの突起であったこの肢は、発生が進むにつれてしだいに分化していく。まず上腕部や大腿部の1本の骨が形づくられ、次に遠位部の1対2本の骨が現れ、最後に手首や足首に相当する部分が形成される。手足の指が形成されるのはその後だが、その数は手首や足首が形成される過程ではまだ決定されていない。指の数は、将来指となる部分に相当するいくつかの遺伝子の発現パターンによって決まり、四肢の発生過程には依存しないのである。出現したばかりの四肢動物はさまざまな指の数を試みたのだろう。そしてデボン紀の終わり頃になると、指の数はおおよそ5本に固定された。ただし現在でも、指の数が5本より少ない四肢動物は少なくはない。たとえばカエルは4本、サイは3本、ウシは2本、そしてウマは1本だけである。だが四肢をもつ動物の中で、指を完全に失ったものはいない。

尾ヒレや側線器官、それにエラをもっていたことから推測できるように、デボン紀後期の四肢動物はまだおもに水中で生活していた。脊柱を魚のように動かすことができ、尾ヒレを力強く波打たせて泳ぐことができただろう。四肢は歩くよりもむしろ泳ぐのに適しており、7本あるいは8の指のある手足は、大きな水かきの役割をはたしたのではないだろうか。こうした推測が正しいなら、陸上に這い上がった魚が陸上環境に適応することで四肢動物が誕生したとする、四肢動物の起源に関する従来の定説は訂正されなければならない。

アカントステガは植物の茂みに覆われた水のよどみなどをおもな棲みかとしており、雨季などの湿った時季には陸に上がることもあったが、乾季には水から出ることはなく水面で空気を吸っていたのではないかと、マイク・コーテスは考えている。彼らはおもに水中を歩いていたが、時には茂みを踏み越えることもあったのではないだろうか。デボン紀の四肢動物は水から出ることはできたが、それは束の間で、すぐに水中へと戻っていったと考えられている。デボン紀にはまだ、陸上をおもな生息地とする四肢動物は誕生していなかった。そのような四肢動物が現れたのは石炭紀に入ってからである。石炭紀には四肢動物の多様化が進み、水場を離れて乾燥した内陸へと進出するものも現れた。

陸上に進出したが……

節足動物と四肢動物とでは、陸地へと進出するにあたって、それぞれ別の問題に直面した。四肢動物にとっては、いかにして体重を支えるかが最も重要な課題の一つであったが、小さな節足動物にとっては、これはたいした問題ではなかった。どちらの仲間も、新たな移動方法や摂餌方法、餌や捕食者の探知方法、水分の保持方法、それに繁殖方法などを獲得する必要に迫られた。ただし前にも述べたように、呼吸はそれほど大きな問題ではなかった。

こんなに多くの問題を抱えながら、どうして動物はシルル紀やデボン紀に、居心地のよい水中から陸上へとわざわざ進出したのだろうか。20世紀半ばの古脊椎動物学の第一人者、アルフレッド・シャーウッド・ローマーによれば、脊椎動物は水に戻るために陸へと進出したのだという。これはなにもパラドックスではない。デボン紀には乾季が定期的に訪れ、このため水のよどんだ池はしばしば干上がっただろう。このとき、こうした淡水に生息する魚の中で、水場に沿って陸地を這い、次の池へと移ることができるものだけがこの時代を生き延びることができたのではないだろうか。ローマーはこのように考えたのである。

残念ながら、デボン紀の地球が時々乾燥したという堆積学的な証拠は多くはない。それにこのローマーの仮説では、四肢動物がデボン紀より後の時代にも陸地に残って陸上環境へと適応し続けた理由を説明できない。それよりもむしろ、節足動物と脊椎動物の両方にとって、陸上は未開拓の新しい生息場所だったと考えるほうが自然ではないだろうか。すでに上陸していた植物は節足動物にとって絶好の隠れ場所となり、また植物がつくり出した有機物は食物連鎖の重要な基盤となった。節足動物が陸地に生息するようになると、それら栄養豊富なヤスデやワレイタムシを求めて、脊椎動物が後を追ったのだろう。

前にも述べたように、体重を支えることは四肢動物にとって大きな問題であった。水の比重が大きいため、水中の魚の相対的な体重はほぼゼロとなり、特に努力しなくても水に浮くことができる。だが陸上では、自分の体重を自分自身で支えなければならない。すばやく動くためには、お腹を地面に引きずるわけにはいかない。それに、内臓がそれ自身の重みで胸郭《きょうかく》を圧迫し、呼吸できなくなったり内臓や肋骨を損傷したりする危険がある。陸上で生きていくためには、重力に耐えられる骨格をもち、内臓を保持し、体重を支えて起立して歩かねばならない。

四肢動物は、水中では魚とはかなり違った動き方をする。体を左右にくねらせて滑らかに泳ぐのではなく、四肢を使って泳ぐため、いわゆる「足の運び」が生じる。魚の中で四肢動物に最も近いのは肉鰭《にくき》類とよばれる仲間である。現存している肉鰭類には、南半球の大陸（アフリカ、南米、オーストラリア）の淡水に生息しているハイギョ類や、生きた化石として有名なシーラカンスが含まれている。肉鰭類は現在では非常に種数が少ないが、デボン紀には多くの種が存在しており、すべて骨のある肉質のヒレをもっていた。このヒレを使って、池の底を「歩く」ことができたのであろう。あとはわずかな変化で、肉鰭類のヒレは四肢へと進化できたのではないだろうか。

　初期の四肢動物は、餌のとり方や呼吸の方法も変革しなければならなかった。デボン紀の肉鰭類の頭蓋骨は非常によく動くが、その能力は初期の四肢動物では大幅に失われている。当時の四肢動物のアゴの動きは魚よりもずっと単純であり、獲物にかみつくことができるだけで咀《そ》嚼《しゃく》することはできなかった。空気呼吸のためには肺が必要だが、デボン紀の肉鰭類はすでに肺をもっていた。現在のハイギョ（肺魚）も肺を使った空気呼吸ができるが、彼らはまた、エラやその他の組織を使って水中の溶存酸素を取り込むこともできる。初期の四肢動物もまた、現在のハイギョのように複数の方法で呼吸することができたのだろう。

　初期の四肢動物は、感覚能力を変革する必要にも迫られた。側線器官は水中でしか機能しない。陸上では視覚が重要であり、それに嗅覚能力も大幅に向上したと考えられている。ただ残念なことに、そうした変化を示す化石はまだ見つかっていない。また一方で、初期の四肢動物の聴覚はかなり劣っていたと思われる。彼らの耳のアブミ骨（鼓膜の振動を脳へと伝達する骨）はまだつくりが粗雑であり、微妙な音の違いを区別することはできなかったと推定されている。

……しかしまだ完全に陸で生きていくことはできなかった

陸地に上がった節足動物は、最初の一歩でそれなりに陸へと適応できたようだ。防水性の角質の表皮を獲得し、それに少なくとも何種かは陸上で産卵することができた。だが、四肢動物の場合は陸上に完全に適応するために長い時間がかかった。デボン紀の四肢動物は、採餌や呼吸など多くのことを陸上でできるようになったが、それでもまだ陸上ではできない未解決の問題がいくつか残っていた。

まず、水分保持の問題が挙げられる。陸上では、皮膚や口腔、鼻孔などから水分が蒸発し、このために初期の四肢動物は常に脱水の危険にさらされていた。この危険を回避するため、いつでも水分を補給できるように、初期の四肢動物は淡水のすぐそばで活動していたと考えられる。後の時代になって、防水性のウロコや表皮をもった爬虫類が登場して初めて水場から離れることができるようになり、最も乾燥した砂漠ですら生息できる種も現れた。だがデボン紀の四肢動物にはそのようなことはできなかっただろう。

産卵や子育ては、陸上で生きていくために越えなければならない最後のハードルであった。現在の両生類と同様に、初期の四肢動物も繁殖を陸上で行うことはできなかった。現在でも、カエルやイモリは池の中に産卵し、卵から孵《かえ》ったばかりの子供はオタマジャクシとして池の中を泳ぐ。オタマジャクシは事実小さなサカナであり、水中でしか活動することができない。両生類は変態し成体となってはじめて陸上に出てこられるが、それでもやはり陸上での活動は爬虫類ほどには自由ではない。オタマジャクシの化石はデボン紀の地層からも多数見つかっている。初期の四肢動物もまたオタマジャクシと成体の二つの成長段階をもち、陸上で活動できたのは成体だけだったのだろう。この繁殖に関する問題もまた、爬虫類が登場するに至って初めて解決され、水分を通さない外皮をもった卵を陸上で産むことができるようになった。

デボン紀の次は、現在の石炭のもととなった巨大な原始林が拡がった石炭紀である。石炭紀に陸上の生態系は急速に変化し、世界は初めて現在の地球によく似た姿となった。だがそれはあくまで、遠くからながめた場合の話である。石炭紀の大地をよく見てみると、体長2メートルもあるお化けヤスデや、カモメほどの大きさの巨大トンボ、それにシダの巨木にびっくりするだろう。そして爬虫類もいよいよこの時代に登場する。

第5章
森とその住人

石炭紀の森でトンボはカラスほどの大きさまで成長した。樹木や他の植物も同様に並外れた巨木になっていった……

ビル・ブライソン
『人類が知っていることすべての短い歴史』（2003年）

シダに似た奇妙な樹木の森が広がり、木々の間を巨大な昆虫が飛び回る――こんな様子が石炭紀の定着した印象ではないだろうか。もちろん、炭田では何トンもの石炭が地表で露天掘りされ、また地中の石炭層から採掘されるので、膨大な量の石炭を生み出した青々と茂った森を想像する人もいるだろう。石炭紀は陸上生物の進化において最も重要な時代であった。すべての大陸において、動植物があらゆる陸域環境へ進出し、真に陸上生活に適応した時代である。昆虫、四肢動物、植物が急速に増加し、石炭紀以降続く陸上生態系が形づくられた。

海の中の生物も陸上に劣らず豊かだった。熱帯にはサンゴ礁が発達した。その長さは場合によって1キロメートル以上に達し、数十種のサンゴが礁を形成した。腕足《わんそく》動物、軟体動物、棘《きょく》皮《ひ》動物もサンゴ礁に生息し、円錐形や巻いた殻をもつ軟体動物がサメなどの魚とともにその上を泳いでいた。石炭紀の魚類は現在の魚と似た種類もいれば、まったく奇妙だが見事な種類もいた。石炭紀のサメの中には、体が細長く厚みのない種類、体が幅広い種類、鼻が長く突き出たもの、口の先端に歯の大きな渦巻きをもつもの、歯で覆われた骨質の突起が額から日よけのように伸びるものがいた。

しかしここでは陸上の生物について考えていくことにしよう。鍵となる生物学上の新展開は、森と飛翔動物である（図15）。石炭紀より前の時代、植生はまばらで、水辺に集中していた。そして動物たちは地面の上を這って進んでいた。しかし石炭紀になると陸上に生命が満ちあふれることになる。森が地表を広く覆い、たくさんの昆虫たちがブンブンと動き回り、空をさっと飛んでいく。およそ3億2000万年前に起こったこの変化は、単なる偶然の出来事だったのだろうか、それとも何か石炭紀の世界に特有なものだったのだろうか。

石炭紀の世界

石炭紀は、今から約3億6000万年前から3億年前と見積もられ、大陸が集まってきた時

図15　石炭紀の川岸.

期である。一つ前の時代であるデボン紀には複数の大陸が存在し、北方に北米と欧州からなる大きな大陸が、そして南方にいくつかの大陸が分布していた。北方と南方の大陸塊は、石炭紀になると合体し始める。アフリカ大陸が北上し、おおよそ現在の地中海の位置に沿って、北米・欧州の大陸塊と衝突した。その結果、地震が起こり火山が噴火するとともに、アパラチアからアイルランド、ドイツを経てポーランドへ至る大山脈が形成された。北米と欧州のほとんどは石炭紀当時の赤道付近に位置しており、熱帯気候に属していた。

石炭紀の前半から半ばにかけて気候は温暖であった。しかし、石炭紀の終わりへ向かって状況は変化する。巨大な氷床が南極に発達し始めたのだった。現在の地球は、南極と北極の両方とも厚い氷に覆われているという特別な状態にある。地球史のほとんどの時代において、両方の極地方に氷のない状態が普通であったということを認識しておく必要がある。石炭紀のほとんどは氷床が欠如していたので、赤道域と極域の温度差は現在よりも非常に小さかった。

それではなぜ現在の地球が、通常から外れて氷が発達するようになったのだろうか。一般的な仮説として、極地方に陸が分布する場合に限って、極域に氷が発達するという。いわゆる「アルベド効果（反射効果）」によって寒さがさらに寒さを呼び込む。この効果が進むにはある程度の大きさの氷塊が必要である。太陽光は氷のような白い表面では反射し、黒い表面では吸収される。したがって氷塊は白色を呈することによって、どこか自分自身を維持していくようなところがある。アルベドとは、物体が光を反射する程度（割合）を表す用語である。もし氷塊が極地方の陸域や高い山の上で発達したならば、ある程度の太陽光では氷は溶けずに残りやすくなる。極域では太陽が高く昇らないので、本当に暖かくなることはなく、冬の氷が夏の間に溶けずに残される。現在の南極大陸はちょうど南の極の上に位置しており、グリーンランドもこのような現象が生じ得る北極域に十分近い。

石炭紀に限らず地球史のほとんどの時代において、極域はもちろん寒冷であったものの、そこに陸は存在しなかった。もし海洋が極域にあれば、冬の海氷は夏の季節ごとに消滅するので、氷床は発達できない。海水の循環と混合もまた海氷の融解を促進させる。深い海の冷たい水は極域から赤道域へ自由に移動していく。赤道域で上昇した深海の流れは、周辺の海水を押し出して暖かい水の流れを生み出す。そして絶えずゆっくりと極域に向かって戻っていく。

石炭紀の半ばに、南方の超大陸であるゴンドワナ大陸（現在の南米大陸、アフリカ大陸、南極大陸、オーストラリア大陸を含む）が南へ移動し、南極に近づいた。このことによって氷が成長し始め、3000万ないし4000万年間にわたって氷床がゴンドワナ大陸を覆い続けた。この出来事は次のペルム紀まで続き、やがてゴンドワナ大陸が極地方を離れることで、氷床は消滅した。この氷床発達について、古生物学と地質学の両方からたくさんの証拠が集められている。石炭は姿を消し、この時期の南極周辺に生物は存在していなかった。そして岩石には氷河の証拠が明瞭に残されていた。すでに新原生代のところで見てきたように（66ページ）、氷河が運んだ漂礫《ひょうれき》と岩石表面に残された擦痕《さっこん》である。氷の重みによって圧縮され変形した砂層や、氷河によって剥ぎ取られ他の場所へ無秩序に運ばれた「迷子石」とよばれる岩塊も見られる。

石炭紀の氷河作用に関する観察結果は、かつて大陸移動説を証明する手がかりであった。1900年頃、地質学者たちは、オーストラリア、南アフリカ、南米、インドにおける氷河作用の証拠を出し合った結果、氷河の源流がすべて南アフリカに向かっていることに気付いた。氷河は明らかに南アフリカから放射状に拡がっており、東へはオーストラリアに、西へは南米に、北へはインドへそれぞれ向かっていた。現在の地図上で、インドはもちろん北半球に位置している。したがって当時の地質学者たちは、どのようにして南極から赤道を越えてはるばるインドまで氷河が流れていったのか、頭を悩ませていた。

石　炭

石炭紀は、その名の通り石炭を産することで知られた時代である。石炭紀（Carboniferous）の名称は、フランス語で「石炭を産する」という意味の *carbonifere* に由来する。欧州と北米の中・上部石炭系には、巨大な炭田が胚胎《はいたい》されている。石炭はほぼ純粋な有機炭素からなり、木の幹、葉、枝などの植物遺体が地中に埋もれ、圧縮されて形成される。時折それらの植物遺体が石炭の中から発見されることがある。無煙炭のような高品位の石炭では、植物遺体は地中深くで圧縮され、熱せられるため、植物の痕跡はほとんど残っていない。

ではなぜ石炭系から多くの石炭が産し、他の時代の地層からはそれほどでもないのだろうか。実際には石炭紀より新しい時代の岩石中にも石炭層は存在し、商用に開発されているものもある。しかしそれらは石炭紀の鉱床と比べて重要度は低い。手がかりとしては、膨大な石炭が集積したことを世界規模で捉える必要があるだろう。当時の独特な地球の動き、すなわち南半球高緯度に発達した氷床のために、多くの地域で急速に陸域が沈降した。そして石炭層を含む莫大な量の陸成層が厚く堆積した。ではなぜ広範囲にわたって森が覆い茂ったのだろうか。

それはこの時代の大気を調べることで明らかにされる。信じられないかもしれないが、地質時代の大気について明らかにすることができるのである。言い方を変えれば、過去の大気は現在のものと異なっていた可能性がある。私たちはすでに地球創世記の大気に酸素が含まれていなかったことを見てきた（54ページ）。そして先カンブリア時代の終わり頃になって、ようやく大気中の酸素濃度が現在の値に近付いてきた。しかし、過去5億年の間に、大気中の酸素と二酸化炭素の濃度が大きく変化してきた数々の証拠が集められている。そして石炭紀は例外的に酸素濃度の高い時期であった。

地球化学では、とりわけ岩石に含まれる炭素と酸素の同位体に注目してきた。なぜそれらに着目するかといえば、海や湖の水が大気と同様な同位体組成を示すことから、その情報がそのまま貝や浮遊生物の殻にも記録される。そのような情報は、同時に海底に堆積した石灰岩やある種の古土壌にも記録される。もちろん後の地質学的な出来事によって変質していない試料を選択する必要があるものの、まさに化学測定によって数億年前の環境を復元することができるのである。

多くの元素において、原子の重さ（質量数）が異なる複数の「同位体」が存在する。同位体は放射年代測定において重要な役割をはたす（24〜25ページ参照）が、さらに古環境を復元する際にも用いられる。たとえば炭素についていうと、質量数12の炭素（炭素12、^{12}C）は一般に生物中に存在し、質量数13の炭素（炭素13、^{13}C）は無機起源の貯留層に多く含まれる。ある条件下では質量数14の放射性炭素（炭素14、^{14}C）としても存在する。地球上の炭素のほぼ99パーセントが炭素12として存在し、残りの二つの同位体はわずかな量しか存在しない。酸素には質量数16、17、18の同位体が存在し、それらのうち酸素16（^{16}O）が最も多い。地質時代の岩石や化石試料に含まれる炭素や酸素の同位体比を測定することによって、地質事件を知る手がかりを得たり、過去の環境を把握することが可能である。炭素12に対する炭素13の割合を測定することで、大絶滅、火山噴火、地中からの炭素放出といった事件による炭素循環の変動を見出すことができる。また酸素16に対する酸素18（^{18}O）の割合を測定することで、過去の温度を再現することが可能である。

すべての測定の結果、石炭紀の大気には35パーセントもの酸素が含まれていたことが示された。現在の酸素濃度は21パーセントであり、地質時代を通じて大気中の酸素濃度が最も高い水準に達したのが石炭紀であった。その理由は次のように説明されている。つまり石炭紀に植物の種数と個体数が著しく増加したことで、世界規模で光合成が活発化した。その結果、莫大な量の酸素が大気中へ送り込まれていったというのである。この考えの問題点は、植物の勢いが変わらずに続いていたにもかかわらず、石炭紀が終わるとすぐに酸素濃度が現在の水準へと減少したことである。別の理由として、当時木質素（リグニン）を食べる生物がいなかったので、石炭紀を通じて大量の樹木が消費されずに埋没したことが挙げられる。今日ではすぐに木質素を分解することのできる細菌が存在するし、シロアリやビーバーといった木を食べる動物は腸にそのような細菌をもっている。大量の樹木が埋没することで、言うなれば、二酸化炭素の光合成を通じて大気から炭素が取り除かれていった。埋没することで植物体が地中に封印されても植物細胞は分解されず、より多くの気体の酸素が放出されて大気中の酸素濃度を押し上げていった。

多くの古生物学者は、石炭紀の異常に高い酸素濃度によって巨大な昆虫が進化したのではないかと推測している。実際に、鳥のように大きなトンボ、手のひらほどのゴキブリ、2メートルに達するヤスデなどがいた。石炭紀でも重力は現在と同じようにはたらいていたとすれば、昆虫はなぜ大型化したのだろうか。理由は二つ挙げられる。ある生理学者が言うには、酸素に富んだ石炭紀の大気は現在よりも密度が高く揚力《ようりょく》が得られやすかったので、大きな体でも飛ぶことができたという。ただしこの推論は、石炭紀の動物相全体を語るにはやや説得力が弱い。

鍵を握るのは、おそらく呼吸であろう。昆虫は気体の自然な拡散によって呼吸しており、私たちのように能動的に肺に空気を出し入れしているわけではない。昆虫の角皮には体の内部へと続く穴が開いており、そこから取り入れられた酸素は分岐した管を通って体内組織へ受動的に拡散する。この呼吸方法が昆虫の大きさを制限しており、さらにほとんどの節足動物の大きさを規定している。酸素は昆虫体内へ拡散するだけなので、体の断面積は限定される。したがって現在の昆虫は、大きくても翔翅幅15センチメートルで鉛筆ほどに細長い最大のトンボよりさらに大きくなることはできない。石炭紀のトンボの1種であるメガネウラ *Meganeura* は翔翅幅75センチメートルに達し、その体は鉛筆というよりフランクフルト・ソーセージを連想させる。石炭紀の大気には、節足動物が受け身的な拡散呼吸の方法をとっていたとしても十分巨大化できる酸素濃度があったといえる。

広大な石炭の森

石炭紀の半ばから後半になると、膨大な樹木の湿った森が青々と茂った下草とともに拡がっていった。森を構成した植物には、巨大なヒカゲノカズラ類、15メートルもの高さに達したトクサ類、シダ類、そしてシダ種子類が含まれていた（図15）。花を咲かせる植物はまだ存在しておらず、さらに後の白亜紀になって初めて出現する（15、137ページ参照）。針葉樹は存在していたが、稀であった。これら石炭紀の植物は、二酸化炭素濃度が低かった時代に光合成を促進させる必要から、初めて本当の意味での葉をつけた。

ヒカゲノカズラ類は一般に背の低い灌木《かんぼく》だったが、種類によっては石炭紀に巨木化した。最もよく知られたヒカゲノカズラ類は鱗木《りんぼく》 ***Lepidodoron*** で、高さ35メートル以上に達した。鱗木の化石は、北米と欧州の商業炭田からたびたび発見されたので、200年間にわたってその存在が知られてきた。当初は、根、幹、樹皮、枝、葉、球果、胞子といった個別の部位にそれぞれ別の植物名が付けられていたが、長い年月の間に各々の部位が組み合わされることで、一つの植物としての全体像がはっきりとしてきた。鱗木のがっちりとした根の標本は、グラスゴーにある有名なヴィクトリアの博物館内で立木のままで見られる。鱗木化石は1887年に古い石切場で発見され、注意深く発掘された。そして鉄枠とガラスでできた見事な温室が立木化石の上に建てられ、ヴィクトリア公園内にて今でも見ることができる。

トクサ類は、今日でも庭師にとって有害な雑草として知られている。トクサ類のまっすぐ伸びる緑の若枝には節が発達し、地中では根茎が発達している。現在のトクサ類は一般に小さく目立たない存在であるが、石炭紀には現在の竹やぶのようにやたらと密生する主要な植物だった。蘆木《ろぼく》 *Calamites* は高さ20メートル近くまで成長したトクサ類である。節のある茎とそこから輪生する葉の様子は、現在の小さなトクサとも共通する特徴である。蘆木の幹は地下にがっしり生えた根茎から続いていた。多数の葉が、枝の側面にある節から放射状に伸びている。また通常は2種類の球果が存在した。

ヒカゲノカズラ類とトクサ類は、低地の氾濫原《はんらんげん》に生えていた。シダ種子類、針葉樹、シダ類は、さらに乾燥した場所に適応し、たとえば自然堤防のような川の両岸に沿った砂堆の高まりに分布していた。現在のシダ類は、一般に背の低い草のような植物で、さまざまな環境で普通に見られる。石炭紀のシダ類には、樹木のように大きくなるものがあり、垂直に伸びる幹に葉をつけていた。その一方で現在の典型的なシダ類のように、小さなシダ植物も存在した。シダ種子類には、低木から高木までのさまざまな種類が含まれる。針葉樹には、現在の松、トウヒ、チリマツが含まれる。石炭紀の球果をつける植物は、今日と同様に、乾燥気候に順応していた。初期の針葉樹は球果と針のような長い葉をもち、水分を節約できるように工夫していた。よく知られた針葉樹が出現するのは、さらに後の恐竜時代になってからである。

石炭紀の植物を最もよく物語るものの一つは、皮肉にも、山火事の後に埋没した木炭によるものだろう。現在の熱帯地域ではたびたび大規模な山火事が発生し、数平方キロメートルの森を焼き尽くしてしまうことがある。火元としては、たばこのポイ捨てや放置されたビンが太陽光を集める場合があるが、自然に発火することも普通にある。枯れ枝や落ち葉があまりにも乾燥すると、光による偶然の発火によって数日から数週間続く大きな火事が引き起こされる。火事の後に残された木炭には、太古の木の細かな細胞構造がまだ残されており、私たちに多くの情報をもたらせてくれる。

山火事は森を焼き尽くすものの、それは必ずしも悪い側面だけではない。山火事によって古い立木がなくなることで、新しい芽が育つので、多くの植物が偶発的な火事に頼っているところがある。山火事は過去にはたびたび起こっていたし、特に石炭紀の熱帯地方では普通の出来事だった。そして当時の大気中の高い酸素濃度が、現在よりも頻繁に火事を誘発していたのは間違いない。ある調査によれば、川岸から離れた地形的高所では植物片が非常によく乾くので、火事がよく起こるという。石炭紀の山火事は、火山噴火の近傍で発生しただろうし、もしくはとりわけ暑い季節や乾燥した時季になると規則正しく起こっただろう。山火事はおそらく森の成長と再成長を促す役割を担っていた。また樹木がなくなることで斜面が不安定になり、地すべりの原因ともなった。

石炭紀の大食漢

石炭紀に新たに出現した森の環境は、初期の四肢動物たちにとって魅力的な場所となり、彼らは幅広く多様化していった。すでに紹介したように（112ページ）、デボン紀新世の四肢動物たちはまだかなり少なく、ほとんどが水の中で生活していた。しかし石炭紀になると彼らはおよそ40科に増加した。いったん陸へ上がったものの、再び川や湖へ戻り魚を餌とするようになったものや、昆虫やヤスデを食べるようになったものが現れた。

石炭紀前期の四肢動物に関する私たちの理解は、大きく不足していたものの、最近のスコットランドの化石産地における研究によって、この時期に風変わりな動物たちのいたことが明らかにされた。その一つの例がクラッシギリヌス *Crassigyrinus* である。クラッシギリヌスは、びっしりと凹凸のある大きな頭蓋骨をもち、明らかに魚を食べていたことを示す大きなアゴを備えていた。クラッシギリヌスはがっしりとした頭と大柄な体に見合わない小さな足しか備えておらず、水辺のほとりをかろうじて進むことができる程度だった。

スコットランドと米国から知られているワットチーリア *Whatcheeria* の仲間は、体長1メートルほどの動物で、同様に大きな頭をもっている。彼らはおそらく魚を食べていたものの、時には他の四肢動物も餌にしていたと考えられている。欧州から知られているバフェテス *Baphetes* 類は非常に平べったい頭蓋骨をもっている。彼らのアゴは幅が広く曲がっている。アゴには小さな歯が多数並んでおり、かなり小さな魚を捕えていたと考えられる。大ざっぱに言って半円形の頭には歯がむき出しており、頭蓋部は下顎と同じ厚みをもっている。後者の特徴は、石炭紀の四肢動物の主要な仲間である分椎目《ぶんついもく》にも典型的に見られる。分椎目にはさまざまな系統が含まれており、ペルム紀〜三畳紀にかけて多様化し、重要な分類群となった。そして約2億年後の白亜紀までそのまま生き延びていった。ほとんどの分椎目は体長最大1メートルで、一般に魚を餌としていた。分椎目にはさらに大型の種もいれば、かなり小さい種類も存在した。

最も独特な石炭紀の四肢動物は、空椎亜綱《くうついあこう》だった。空椎亜綱は3種類の仲間に大きく分類される。一つ目は、小型昆虫を食べ、かなり陸上生活に適応した細竜目の仲間。二つ目は、イモリに似た游螈目《ゆうげん》（ネクトリデア目）で、ブーメラン型の幅広い頭蓋をもつ変わった種類を含んでいる。三つ目は、四肢をもたない奇妙な仲間からなる欠脚《けっきゃく》目である。細竜目は乾いた陸上を駆け回ることができた仲間である。游螈目は水中生活に完全に適応しており、水上の昆虫を一瞬で捕えて食べていたと考えられる。欠脚目は森の地面に散らばっている湿った落ち葉の中のナメクジやミミズを捕えて食べていたとみられる。

これまでに紹介してきた四肢動物の仲間たちはすべて両生類に属している。おそらく現在生きている両生類は、これら石炭紀の四肢動物たちから進化していったと考えられる。最古のカエルは三畳紀に出現しているが、おそらく分椎目の仲間から進化したと考えられている。サンショウウオも同じ頃に出てきた可能性があるが、最古のサンショウウオの化石はジュラ紀からはじめて知られている。

他の四肢動物の仲間として、爬型類《はけい》（Reptiliomorpha「爬虫類に似た」の意味）が存在した。石炭紀の原始的爬型類として炭竜《たんりゅう》目が挙げられる。炭竜目の仲間は中型の水生動物で、川や池で魚を追いかけて食べていた。しかし石炭紀も半ばにさしかかった頃に、爬型類は予期せぬものを生み出した。それは最初の爬虫類だった。

爬虫類とその卵

スコットランドの著名な地質学者であるチャールズ・ライエル（１７９７〜１８７５年）は、１８５2年にカナダのノヴァスコシア州の風が吹きすさぶ海岸を訪れた。彼はこのときに意外な事実に接してたいへんな衝撃を受けた。ライエルは１８４２年にもこの海岸を訪れたことがあった。ヨーロッパの海岸の崖地でロンドン地質学会の現地討論を行う状況に比べれば、当時の北米大陸の旅は、地質学者にとって危険を伴うものであり、勇気が必要だった。ライエルは１８３０年代初頭に画期的な著書『地質学原理』を著し、地質学を新しい科学の扉へと確実にいざなった。ライエルは、地球上で起こっている出来事の理解を深めることに自身の生涯をかけており、大人気となった彼の教科書に記述する素材をさらに得るために、はるかに遠い大陸への旅をはじめたのだった。

1852年にライエルはノヴァスコシア州の北部海岸ジョギンズの崖地をカナダの地質学者ウィリアム・ドーソン（1820〜1899年）とともに調査していた。ドーソンは太古の木の幹に入り込んでいた四肢動物の珍しい化石標本をすでに発見していた人物だった。ライエルは彼が見つけたものを見て驚愕した。崖に露出する地層の中に、木の幹が生きていたときのままの状態で立っていた。現在の海岸浸食によって化石の周りの岩石が取り除かれていき、二人の地質学者が大昔の根株の中をのぞくことができるようになっていたのである。根株に詰まった砂の中には、なんと小さな四肢動物の骨が保存されていた。ライエルは後にジョギンズの崖地のことを「世界で最もすばらしい化石産地」と記述している。

ドーソンとライエルが発見したものは、最古の爬虫類化石で、後にヒロノムス *Hylonomus*（「森の住人」の意味）と名付けられた。この動物は体長30センチメートルで、長い尾と長い四肢をもっており、おおかた現在のトカゲに似た形をしている。小さな鋭い歯をもつことから、昆虫を食べていたとみられる。ヒロノムスの化石は、木の根株の中で一糸乱れずに座っていたので、完璧な保存状態だった。1852年より後に、さらに多くの標本がジョギンズの崖地に埋もれた木の幹の中から発見された。そして最初の発見から100年以上経った1960年代になってやっと、ヒロノムスが細竜目の両生類ではなく、実は爬虫類だったことが初めて示された。石炭紀の四肢動物のほとんどが平らな頭骸をもつのに対して、ヒロノムスの頭骸骨は厚い点で大きく異なっていた。さらに重要な違いはヒロノムスが距骨《きょこつ》とよばれる大きな足首の骨をもっている点であった。この骨は、爬虫類、鳥類、哺乳類には備わっているものの、両生類には見られない。

この動物はどのようにして亡くなったのだろうか。石炭紀半ばに突然発生した洪水によって木々が倒され、幹や枝が流されていった。しかししっかりと根を張っていた根株は残され、動くことはなかった。洪水によって根株の周囲は砂泥に埋もれ、また部分的に完全に埋没した。根株の中心部分が腐ってしまうと、昆虫たちが朽ち木を求めて集まってきた。すると今度は爬虫類が昆虫を狙って根株の中へとやってきたのだろう。なぜ爬虫類が最終的に根株から逃れられなくなったのかについては、定かでない。もちろん彼らは根株の洞《うろ》をよじ上って外へ出られただろう。しかし、ふたたび洪水が発生したために、洞から逃げ出す前に根株ともども砂に埋もれてしまったのではないだろうか。

なぜヒロノムスが生命進化においてこれほど重要なのだろうか。その理由は、彼らがはじめて殻付きの卵を産んだ四肢動物であり、水の支配から自由になったからである。すでに見てきたように（117ページ）、最初の四肢動物である両生類は、乾燥を防ぎ、卵を産むために水の近くに生息しなければならなかった。しかし両生類以外の四肢動物である爬虫類、鳥類、哺乳類は、水辺から離れて生きていけるようになった。その最初がヒロノムスだったのである。石炭紀の爬虫類の卵化石は未だ知られていない。それではどのようにしてヒロノムスやその子孫が殻付き卵を産んでいたとわかるのだろうか。

その答えは系統発生と相同の考えから得られる（17ページ）。現在の爬虫類、鳥類、そして哺乳類の一部は、みな非常によく似た卵、羊膜卵を産む[6]。羊膜卵の殻は通常非常に硬く、方解《ほうかい》石《せき》からできている。トカゲやヘビの仲間にはしなやかな殻の卵を生む種類もいる。殻は水分を保持し、蒸発を防ぐ一方、酸素を取り入れ二酸化炭素を排出するという、外部と気体のやりとりが可能になっている。発育中の胎児を外界から守り、水中に卵を産む必要がないし、水中で幼生期を過ごす必要もない。卵殻内部には、胎児を包み込み、排泄物を集め、殻の輪郭を形づくる膜が備わっている。殻内の胎児は、タンパク質に富んだ卵黄によって発育を続けられる。

爬虫類、鳥類、そして哺乳類は、まとめて有羊膜類とよばれる。なぜならこれら動物たちすべてのはるか昔の共通祖先をたどると、ヒロノムスに近縁な動物へとたどり着くからである。ジュラ紀には鳥が恐竜から分岐したし（194ページ参照）、三畳紀には哺乳類が爬虫類の一群から進化した（184ページ参照）。しかし先に少し述べたものの、はたして哺乳類は卵を産むだろうか。そう、今現在生きている最も原始的な哺乳類である、オーストラリアに生息するカモノハシとハリモグラは(7)、まさに石灰質な硬い殻付きの卵を産むのである。爬虫類、鳥類、哺乳類の卵は、細部の構造がまったく同じであり、これらの動物が単一の祖先から進化したことがわかる。進化の系統樹をさかのぼっていけばヒロノムスにたどり着くので、ヒロノムスのメスが同様な卵を産んでいたのは間違いない。

石炭紀には、生命の進化が海で、そしてとりわけ陸上で、最盛期を迎えたといえよう。これほどまでに酸素濃度が上がり、みずみずしい熱帯森林が広大に拡がり、巨大昆虫が飛び回ったような時代は、他には見当たらない。しかしこの後、たった5000万年後のペルム紀の終わりに、地球史の中で最も壊滅的な大量絶滅事件が起こり、生命のほぼすべてが消滅してしまうのだった。

（訳注6）単孔目を除いた哺乳類は胎生であり、殻付きの卵を生むわけではない。
（訳注7）カモノハシとハリモグラは単孔目に分類される。ハリモグラのある種は、ニューギニアにも生息している。

第6章

史上空前の大量絶滅

（大量絶滅はおそらく）弾幕の戦場のような場所にたとえられる——すべての動物たちは弾丸が飛び交う戦場にいて、生き延びるか死に絶えるかは、ただ運のみに左右されている。恐ろしい光景だが、そう考えればうまく説明がつく。

デイヴィッド・ラウプ

『大絶滅　遺伝子が悪いのか運が悪いのか？』（1991年）

生物の絶滅は必ずしも悪いことではない。実際に200万～300万年以上生き延びた種というのは、ほとんどいない。他の種に取って代わられるか、他の種へと進化してしまい、元の種はいなくなってしまう。その意味で絶滅は常に起こっている。このような通常の絶滅は「平衡絶滅」（種の絶滅と出現が同じだけ起こっている状況では、種数は平衡状態にあり、絶滅が卓越することはない）とよばれる。しかし地球の歴史において、短い期間に通常より多くの絶滅が引き起こされることがある。このような出来事は「絶滅事件」とよばれ、ある島で局地的な大災害が発生して島の生物が一掃されてしまうような場合や、大きな気候変動もしくは人類の狩猟活動によってある種の動物が全滅してしまうような場合が含まれる。後者については1万1000年前の最終氷期の終わりに、多くの大型哺乳類が絶滅した例が挙げられる。

大きな絶滅事件は「大量絶滅」とよばれ、難しい問題を抱えているものの、人々を最も魅了する主題である。大量絶滅は、多くの生物が一度に消えてしまう出来事で、場合によってはほとんどの生物がいなくなったこともあった。一般に5回の大量絶滅があったとされている。それらは、オルドビス紀末期（4億4000万年前）、デボン紀末期（3億7000万年前）、ペルム紀末（2億5100万年前）、三畳紀末（2億年前）、そして白亜紀末（6550万年前）である。これらは「五大絶滅」として知られ、次の3点において他の絶滅事件から区別される。（1）他のどの絶滅事件よりも多くの種が絶滅している。（2）絶滅はさまざまな生息域で起こり、世界中に及んでいる。（3）一回の大きな汎世界的事件が起こり、それが絶滅を誘発した。最近、ハーバード大学のディック・バンバッハたちが行った研究によれば、「五大絶滅」ではなく、むしろ「三大絶滅」とよぶべきだという。すなわち、オルドビス紀末期、ペルム紀末、白亜紀末の3回を大量絶滅とよぶべきであって、他の二つは長い期間続いたので、大量絶滅には含められないという。

これら5回（もしくは3回）の大量絶滅のうち、本章ではペルム紀末の大量絶滅を詳しく見ていきたい。そして白亜紀末の大量絶滅に関しては次の第7章で述べることにする。他の3回の大量絶滅もそれぞれの時代において大きな事件だったので、ここで手短に述べたい。オルドビス紀末の絶滅事件は、短期間の急激な寒冷化（氷河時代）の影響によるものとみられ、三葉虫、腕足《わんそく》動物、サンゴなどの仲間の多くが終わりを迎えた。デボン紀末期の絶滅事件は数百万年間続いたとみられ、腕足動物、菊石類[8]、サンゴ、浅海の甲冑魚《かっちゅうぎょ》が大きく数を減らした。最後の三畳紀末の絶滅事件もまた２００万～３００万年以上の長期にわたって続いたようで、腕足動物と菊石類が特に大きな打撃を受け、また陸上の爬虫類も同様に大きく影響を受けた。

ペルム紀末の大量絶滅は、地球の歴史の中で最大の絶滅事件だったので、とりわけ重要である。実に96パーセントに及ぶ種が絶滅したと見積もられ、生命の完全な絶滅に最も近付いた事件であった。すべての絶滅事件の中でも最大級のこの大量絶滅が、なぜどのようにして起こったのかを究明することは、たいへん難しい課題であった。96パーセントもの種がいなくなってしまう状況、逆にいえば、たった4パーセントの種（20種のうち1種にも満たない）しか生き延びることができなかった状況を想像することは、たやすいことではない。まずは大惨事が起こる前がどんな状況だったかを見ていきたい。

大惨事前後の海の生物

ペルム紀末期の浅い海は、生物に満ちあふれており、種数も豊富だった（図16A）。生物たちは海底に生息し、また海中を泳ぎ回っていた。もしペルム紀末期の海の中へと潜ることができたならば、表面上は現在のサンゴ礁と変わらない光景が広がっていただろう。サンゴ礁は数百種の生物たちから成り立っていたに違いない。礁の骨格を構成していた生物は、サンゴ、カイメン、コケムシ、そして岩石質な骨格を分泌し、その中に生息する動物たちであった。死んだサンゴ骨格の上には、固着性の貝類や蠕虫《ぜんちゅう》類が生息していた。

巻貝様の軟体動物、ヒトデ、小エビなどの非常に多様な動物たちが、サンゴの枝の間を動き回っていた。腕足動物（ホオズキガイ、ランプ貝）は、当時の殻をもつ動物の中で最も目立つ存在だった。彼らの多くは強靱な肉茎《にくけい》で海底に固着して暮らしており、海水中から微細な食物粒子を濾《こ》しとって食べていた。ペルム紀末期の軟体動物には、二枚貝、巻貝、菊石類がいたが、今よりも稀な存在だった。菊石類は腕足動物と比べて自由に動き回ることができ、サンゴ骨格の上に生えた藻類や泥の中の有機物を吸い込んで食べていた。

サンゴ礁にはさまざまな種類の棘皮《きょくひ》動物も生息していた。あるものは固着して生活し、ま

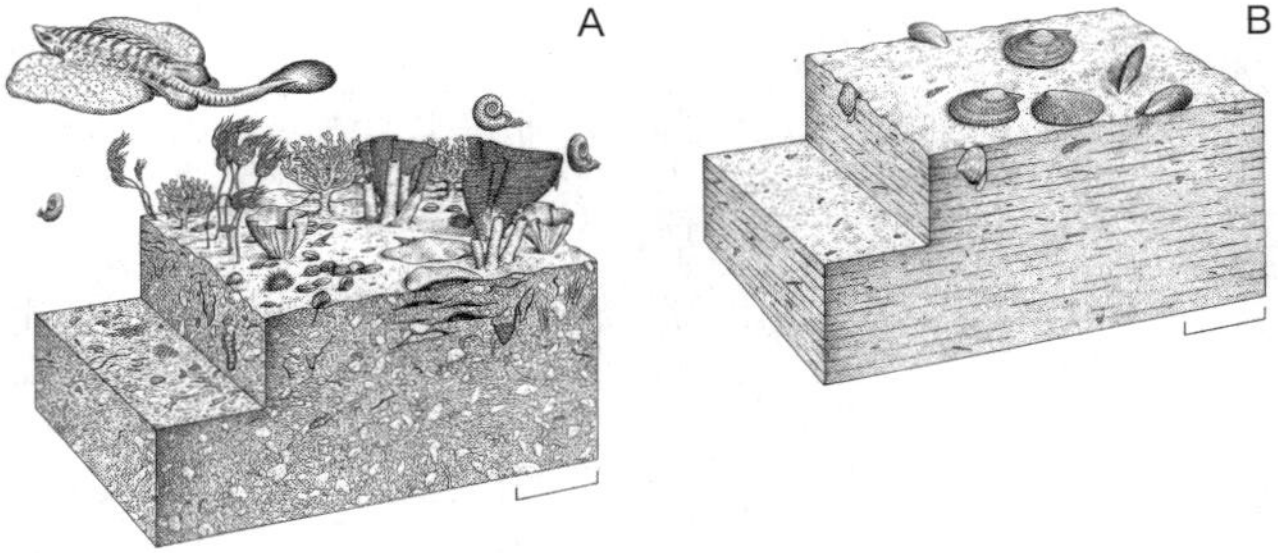

図16　ペルム紀末の大量絶滅事件の前（A）と後（B）の生物相.

たあるものは動き回ることができた。ウミユリは古生代の海を席巻し、巨大な礁《しょう》の一部を成していた。サンゴやカイメンといった主要な礁構成動物の上やまわりに成長したり、また自分たちだけで広大なウミユリの森をつくったりしていた。典型的なウミユリは植物のような形をしている。長くしなやかな茎が海底にしっかりと根のようなものを張って固着する。茎の上には塊状の体部が続き、そこから複数の触手が波にゆらめいている。ウミユリは、海水中の小さな有機物を触手に生えた粘着性の管足で捉え、触手の表面を縦走する溝を通して体の中央にある口へと運んで食べていた。

底生生物の上を泳いでいたのは、水を噴射して泳ぐオウムガイ類と菊石類（いずれもイカやタコに近縁な種類）、遊泳性の節足動物、そして硬骨魚やサメといった種々の魚類だった。サンゴ礁上の海水中には、顕微鏡で見なければわからないほどの非常に小さな生物が浮遊していた。二酸化珪素でできた繊細な網状骨格をもつ放散虫や、複数の部屋に分割された石灰質な巻殻をもつ有孔虫がいた。[9] 今日同様に、ペルム紀末期のサンゴ礁は、通常の場所とは違い多様性が高い生物の宝庫だったのである。

この生物多様性あふれる世界は、ペルム紀の終わりまでに完全に破壊されてしまった。たとえば、腕足動物の55あった科のうち、91パーセントに相当する50科がいなくなってしまった。多様で豊富だった生物たちのほんのひと握りを除いて、みな辛酸をなめた。軟体動物は全体として影響が少なかったが、中でも菊石類はほとんど消滅した。礁を構成していた固着生物たちも、同様に壊滅的な打撃を被った。ペルム紀のサンゴはいなくなってしまったし、コケムシとウミユリは種数を大幅に減少させた。

浮遊生物と遊泳生物は特に大きな打撃を受けた。浮遊性微生物の中で、放散虫は事実上消滅した。[10] 有孔虫も大きく数を減らした。魚類では、ペルム紀末期に多様だった中・大型のサメがいなくなり、三畳紀初頭には小型のサメのみが残された。その理由について、小型の種のみがどうにかして生き延びることができたのか、もしくは、さまざまな大きさのサメが生き残ったものの何らかの進化圧によって小型化したのか、いずれが正しいのかよくわかっていない。また硬骨魚類も8科のうち2科が絶滅してしまった。

絶滅後の世界はどういう光景だったのだろうか。岩石記録では、化石に富んだ礁成層のわずか数ミリ上位の層準で、まったく違った状況が認められている（図16B）。絶滅前に100以上あった種は、わずか4〜5種へ激減していた。ほとんどが紙ホタテガイとよばれる特殊な種類の二枚貝で、三畳紀初頭の黒色泥中の凸凹に細い足糸で付着していた。また突如、微小巻貝やシャミセンガイ *Lingula* が大量に産することがある。シャミセンガイはベテラン俳優のような存在で、私がまだ学部学生だった頃、シャミセンガイは5億年前にすでに現れていて、カンブリア紀から現在まで続く属だと教えられた。シャミセンガイは無関節腕足類に属し、蝶番線に歯のような噛み合わせ構造をもたない（当時はよく、だから腕足類とは話が噛み合わないんだよ、と冗談を言っていた）。シャミセンガイは単純な腕足動物で、滴型のほぼ同じような二枚の殻をもっており、海岸地帯の塩分濃度の変化する水中に生息していた。もちろん、単一の属が5億年も続くというのは、ほとんどあり得ない。彼らの体はいたって単純にできているので、もしかすると属や種が多様化していても、私たちがそれらの違いを理解できていないだけかもしれない。しかし、この腕足動物は間違いなく大量絶滅を生き抜いてきた。

酸素の欠乏

ペルム紀と三畳紀の境界で海洋環境が劇的に変化した。その環境変化が絶滅事件の原因を探る上で大きな鍵を握っていると考えられる。地質学者たちは、世界中のさまざまな場所でペルム紀・三畳紀境界をまたぐ地層の積み重なりを研究してきた。中でも最も良好な連続地層の露出する場所が、中国南部の煤山《メイシャン》である。煤山の地層は、2000年に三畳系基底の国際模式地に選定された。それ以降、世界中の地質学者たちが煤山の地層をペルム系・三畳系境界の基準として参照するようになった。

1990年まで中国のペルム系・三畳系の層序学的研究は、それほど精力的に行われてこなかった。中国における文化大革命の間は、そのような研究ができなかったからだった。1990年以降状況が変わり、外国人が中国で研究しやすくなった。リーズ大学のポール・ウィグノールとバーミンガム大学のトニー・ハラムは、中国へ出かけていって実際に自分の目で見てみることにした。まわりの人間は、中国での研究活動は困難を極めるだろうし、たいした地層もないだろうと忠告した。それでも彼らはこだわり続け、十分とはいえないものの英国学士院から数千ポンドの研究資金を得て出かけていった。

煤山の地層は、よく露出していて研究しやすいことがわかった。ウィグノールとハラムは、堆積学者として地層に残された古環境の証拠を探した。彼らはペルム系最上部に厚層・薄層の生砕屑《せいさいせつ》石灰岩が続くことに気付いた。この石灰岩は、壊れた生物の殻や骨格などがたくさん集まってできていた。このような石灰岩は暖かい浅い海が広がっていたことを物語っている。そして最終的に地層として保存される前に、海底に堆積していた殻や生物骨格が水の流れによって洗われたことがわかる。ペルム系最上部付近では、石灰岩に底生動物の穴掘り跡の化石（生痕化石）が多数認められ、当時の海底に酸素が満ちていたことがわかる。しかしその上位で突如状況が変わってしまう。生痕化石を含む厚い石灰岩は見られなくなり、豊富だった化石も消え去ってしまった。

最上部の石灰岩の上位には、厚さ28センチメートルの粘土岩が続き、さらにその上位には別の石灰岩が重なる。この粘土岩部分は、最初に淡色の凝灰岩と粘土岩の層が堆積し、次に暗色の有機質な泥岩が重なっている。そしてその上位には泥質石灰岩が続く。中国ではこれらの地層に番号がつけられており、それぞれ下位から第25、26、27層とされている。第27層の上位には石灰岩の薄層と黒色頁岩《けつがん》からなる層が厚く堆積しており、ごく稀に小さな巣穴の生痕化石が含まれる。この部分が主に貧酸素状態を記録した地層で、１００万～２００万年の期間に相当する。化石を欠いた黒色の堆積物があるだけでなく、地層中に黄鉄鉱《おうてっこう》結晶が散在しているのをあちこちで見ることができる。

黄鉄鉱は鉄の二硫化物（FeS_2）で、よく金と間違えられる鉱物である。酸素欠乏時に、嫌気《けんき》性《せい》細菌が有機物を分解する際に形成される鉱物で、硫酸塩が硫化物へ変換され、酸素が失われる。私たちは落ち葉の溜まった黒い泥質な沼地を歩いて横切る際に、腐った卵のような臭いを感じる。その臭いが硫化物に由来するもので、酸素の欠乏した「無酸素」状態が硫化物と関連していることがわかる。したがって、三畳紀最初期の煤山では、海底が無酸素状態だったことが示唆されており、その状況は世界の多くの場所に拡がっていたとされる。

1996年にポール・ウィグノールと彼の学生だったリチャード・トゥイチェットは、三畳紀の初めに世界中の海洋が酸素不足に陥ったことを論じ、当時の海の溶存酸素が著しく少ない状態だったと述べた。さらに、それまでに多くの人々によって研究されてきた同時期の地層を地図上に示し、ほとんどが超大陸パンゲアの海岸線付近に分布すること、そしてすべての場所で酸素不足の状態になっていたことを発見した。ただしなぜか現在のオマーンの周辺の小領域だけは無酸素状態になっていなかった。なぜオマーン周辺だけが例外的だったかについては謎が多いが、少なくともいくつかの種がそこで数を減らしながらも生き延びることができた。

三畳紀に入ってすぐの海生動物群は、多様性が著しく乏しくなっただけでなく、均一化していった。絶滅事件の前の動物群は地域ごとに「固有」であった。現在と同様に、動物たちの種類は場所ごとに異なっていた。それは自然そのままの状態で成熟した生態群集にとってごく普通のことである。しかし絶滅事件後の海生動物群は、世界中どこでも同じ種が分布する、「汎存性」を示すようになった。薄い殻をもつ紙ホタテガイの仲間のクラライア *Claraia* と無関節腕足動物のシャミセンガイが世界の至るところに分布していた。

地球の活動

地質学者たちは長い間ペルム紀末の大量絶滅の原因を探ってきた。そして1990年頃、二つの現象に注目が集まった。それは大陸移動とシベリアでの大噴火だった。石炭紀に存在した二つの超大陸、南のゴンドワナ大陸と北のローラシア大陸（127ページ参照）は、ペルム紀には現在のカリブ海と地中海を通る線に沿って合体した。そして一つの巨大超大陸パンゲア *Pangaea*（pan は全部、Gaea は大地の女神ガイアを意味し、「すべての大地」の意）が形成され、赤道を挟んで北半球と南半球にほぼ等しい面積の大地が拡がった。そのような世界に生息する生物を十分に理解することは難しい。陸上の生物にとって海という障壁がなくなったので、どこへでも広範囲に移動することができた。さらには石炭紀後期の極域氷床（126ページ参照）はその頃までには消滅し、世界的に一様な気候が南北に拡がっていたのである。

古生物学者は、大陸の合体自体が絶滅を引き起こす要因になっていると主張してきた。確かに、大陸がまとまることで地域の動物相が混ざり合い、多様性が失われたに違いない。このことはかなり信憑性が高いと思われる。特に浅海域は、それぞれの大陸のまわりに拡がっていたものの大陸が合体することで消滅してしまい、それによって生物多様性が奪われたに違いない。

この考えの問題点は、突然引き起こされた大量絶滅を説明できないことである。大陸は一定の速度でゆっくりと動くので、それによって引き起こされる絶滅は1000万年以上続くだろう。さらに、そのような地形の変化によってどれほどの種が絶滅へ向かうのか、実際にはよくわからない。大陸がつながるという最近の事例では、たとえばパナマ地峡が300万年前に成立し、南北のアメリカ大陸がつながった際、動物たちが行き来するようになった。その結果、それまで存在しなかった動物の侵入によって絶滅した動物がいたものの、大きな絶滅事件にはならなかった。

　ペルム紀末の絶滅の原因として有力視されているのが、シベリア洪水玄武岩《げんぶがん》の噴出である。ペルム紀の終わりに大きな火山噴火がシベリアで起こった。200万立方キロメートル（＝2000兆キロリットル）の玄武岩溶岩が流れ出し、東シベリアの160万平方キロメートルを覆い、厚さ400〜3000メートルに達した。この大規模な火山活動がペルム紀・三畳紀境界での大量絶滅事件と関わっているという説が、1980年代にはじめて提唱された。

　シベリア洪水玄武岩の年代が精力的に測定され、当初2億8000万年前から1億6000万年前の長い年代範囲が示された。ただしその範囲の中でも2億6000万年前と2億3000万年前の間に年代値が集中していた。新しい手法を用いた最近の放射年代測定では、ペルム紀・三畳紀境界付近の60万年間に年代値が集中する結果が得られている。しかしさらに主要な火山噴火がいつ何回起こったのかを正確に求められなければならない。そのために中国南部のような遠方の堆積層に挟まれる火山灰（凝灰岩）の年代測定に注目が集まっている[11]。

陸上動物

ペルム紀末期の陸上は、海の中と同様に生命にあふれていた。この頃の四肢動物の進化を研究するのに最も適した地域は、南アフリカのカルー盆地とロシアの南ウラル地域である。たとえばロシアのペルム系上部からは、両生類や爬虫類の骨格が豊富に見つかり、ペルム紀最後の1000万年間にわたる動物相の変化を追うことができる。ロシアのペルム紀末期動物群は、北ドヴィナ川流域と南ウラル山脈からの豊富で多様な化石によって知られ、ヴャツキエ動物群（図17）とよばれている。

ヴャツキエ動物群の代表的な植物食動物として、スクートザウルス *Scutosaurus* とディキノドン *Dicynodon* が挙げられる。スクートザウルスはカバほどの大きさのパレイアサウルス類（亜目）で、骨質のイボで覆われた恐ろしい風貌をした動物だった。ディキノドン *Dicynodont* は滑らかな肌をもつ大型の双犬歯類（ディキノドン亜目）で、2本の犬歯が発達するか、もしくは歯のないアゴをもっていた。肉食動物としては、ゴルゴノプス類（下目）に属する4種が知られ、イノストランケヴィア *Inostrancevia* は大きな刀状の歯をもった爬虫類で、スクート

図17　ロシアのペルム紀末期の陸上動物たち（ヴャツキエ動物群）.

ザウルスやディキノドンを食べていた。さらにテロケファルス *Therocephalus* やキノドン *Cynodont* といった小型肉食動物も存在していた（ディキノドン、ゴルゴノプス、テロケファルス、キノドンの仲間は、哺乳類型爬虫類とよばれ、歯の形態などが哺乳類に近い特徴を示す）。他の産地におけるペルム紀末期の爬虫類として、まずアルコザウルス *Archosaurus* が挙げられる。アルコザウルスは体長1メートルほどのすらりとした体をもち、魚を食べていた。主竜類の最も古い種類で、新生代のワニや中生代の恐竜のような、ペルム紀末期の爬虫類の支配者だった。またプロコロフォン類（亜目）は、小さな三角形の頭をもった爬虫類で、パレイアサウルス類に近縁な仲間で、見かけ上は太ったトカゲのような格好をしていた。水辺には3、4種の両生類がいたことがわかっている。当時の陸域には多くの脊椎動物が生息しており、現在の陸上群集に匹敵するほどの、豊かで複雑な生態系が展開していた。

ロシアで絶滅事件を乗り越えて三畳紀はじめまで生き延びた両生類と爬虫類は、ほんのわずかだった。その動物群は下部ヴェトルガ（ヴォホミン）群集とよばれている。ある程度の大きさに達した植物食動物はリストロサウルス *Lystrosaurus* のみで、その他の四肢動物として、プロコロフォン類の1種、昆虫や小型爬虫類を食べていた稀なテロケファルス類と双弓《そうきゅう》類（亜綱）がいた。両生類の仲間では、幅の広い頭をもち、魚を食べていた種類が生き残った。

これら絶滅事件を生き延びた陸上動物の中で最も目立つのはリストロサウルスだった。それほど大きくないディキノドンの仲間で、南アフリカのペルム紀最末期の地層から初めて発見された。リストロサウルスは、もちろん絶滅事件を生き延びているが、それ以上に驚くべきことは、短期間で世界中に拡がったことだった。リストロサウルスの種は、南アフリカ、南米、南極大陸、インド、中国、ロシア、そしておそらくオーストラリアからも報告された。したがってリストロサウルスは、海のクラライアやシャミセンガイと同様に、世界中に分布していた。リストロサウルスは単に世界中に分布を拡げただけでなく、各地で大いに繁栄した。すでに2000点を超える頭蓋骨が南アフリカから発見されており、収集家はすでに普通の化石には目もくれず、より珍しい形のものを探し歩いている。リストロサウルス1属のみで全動物の95パーセント以上を占めているところも多く、動物群としては自然の生態群集から大きくかけ離れた、異様な不均衡状態にあった。三畳紀初頭の陸上生態系において、ある特定の種のみが異常に卓越する状態は、普通の生態系の法則が機能しない、どこかおかしな状況になっていたことを物語っている。

リストロサウルスは最強の動物だったのだろうか。おそらく生き延びることができる、ある種の潜在能力があったのだろう。リストロサウルスが穴を掘ることができたのは、確からしい。そして、かなり多くの種類の植物を餌として食べることができたようである。巣穴を掘ることと、多様な食餌は、いずれも危機的な局面で生き抜くために効果的にはたらいただろう。しかし多くの類似した爬虫類たちは、ペルム紀末の事件を生き延びることはできなかった。リストロサウルスは、特殊な環境に順応できたというよりは、単に運がよかっただけというのが、本当のところではないだろうか。偶然にも他の動物たちが絶滅してしまったところに、リストロサウルスだけが生き残った（章冒頭のラウプの「弾幕の戦場」理論）。他に誰もいなくなってしまったので、競争相手がおらず、世界中へと拡がっていくことができた。

絶滅事件の時間経過

意外にも、ペルム紀末の大量絶滅のような劇的な事件でさえも、それがどれくらいの期間続いたのか確証するのは困難だった。最初の頃の見積もりでは、ペルム紀末の１０００万年間かけて種数が減少していき、絶滅に至ったと考えられていた。しかし最近の研究によれば、絶滅事件は急激に起こったことが示されている。問題の一つには、古生物学者が化石の年代を正確に求めることができなかったことが挙げられる。そして１９９０年代までペルム紀・三畳紀境界の信頼できる放射年代値が得られなかったことも背景にあった。現在最も広く受け入れられているペルム紀・三畳紀境界、すなわち大量絶滅の年代値は、２億５１００万年前である。しかしながら、一部少数の研究者は強固に２億５３００万年前の値を用いている。この年代の違いは、どのように測定試料が研究されたかという微妙なところによっており、このような問題は近いうちに解決されるだろう。

同じく重要なことは、事件に際して何が起こったか、地層の組織を詳しく調べることである。そのためには、各地域の層序断面を研究しなければならない。これまでにそのような研究が最も多岐にわたって進められてきた場所は、中国の煤山《メイシャン》層序断面である。南京の金玉玕《ジンユーガン》たちは、2000年に煤山のペルム系・三畳系境界を挟む上下の地層から産した化石について研究成果を発表した。彼らは15の海生生物分類群に属する333種を同定した。それらは、微化石では有孔虫、紡錘虫、放散虫、錐歯《すいし》動物、そして大型化石では、四放サンゴ、コケムシ、腕足《わんそく》動物、二枚貝、頭足類、腹足類《ふくそく》、三葉虫、魚類、そして藻類に及んだ。

全部で161種が境界層より下位、すなわちペルム紀の終わりまで400万年の間に絶滅した（図18）。各層準における絶滅率は33パーセント以下である。そしてちょうどペルム系・三畳系境界の直下、すなわち第24層と25層の境界で、残りの種のほとんどが消滅した。この層準での絶滅率は94パーセントに達した（図18のB層準）。その後単層の厚さが増し、第28層と29層の境界までの間で種の出現・消滅の仕方に変化が見られるようになり、種の生存期間が長くなって絶滅率が減少した。

第26から28層に至る部分には、火山灰層（凝灰岩層）が挟まれるという特異性が見られる。

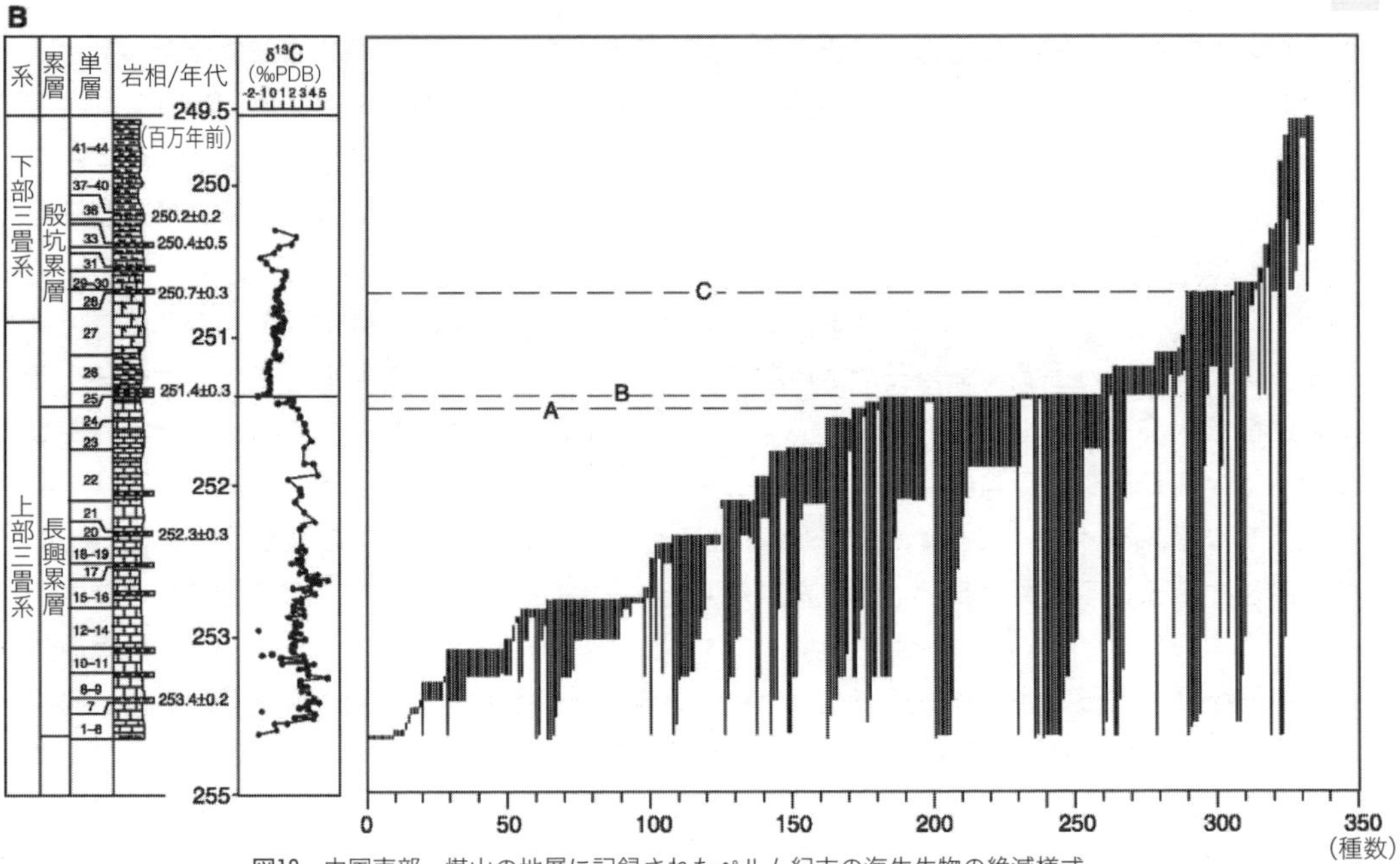

図18　中国南部，煤山の地層に記録されたペルム紀末の海生生物の絶滅様式．

この部分の基底と頂部の火山灰層の年代は、それぞれ2億5140万年前と2億5070万年前の値が測定された。そしてその差は70万年になる。この放射年代はかなり正確な値と考えられるので、おおよそ100万年の半分は時間間隔があったと信じてよいだろう。注目すべきことは、この時間間隔が60万年間続いたと見積られたシベリア洪水玄武岩の噴出年数と調和的な点である。

しかしこの間に何が起こったのだろうか。大きな絶滅のあった第25層の後に出現した種がいる。彼らは当時の緊迫した状況に適応し、すばやく進化したものの、長くは続かない「短命種」だった。そして第29層以降に出現した種はすぐに絶滅することはなく、生命にとって普通の状態へと戻っていった（図18のC層準）。このように、急激な絶滅が50万年ほどの過酷な時期に集中したという事実は、2億5100万年前に起こった出来事を解明するさらなる手がかりとなるだろう。では陸上はどのような状態だったのだろうか。

河川堆積物と急激な浸食作用

1993年以降、英国ブリストル大学とロシアのサラトフ市の研究者たちからなる調査団が、ロシアのペルム系・三畳系境界を調べてきた。最初の頃の調査で、ちょうど境界において、顕著な堆積現象を観察した。それは地形状況や河川形態が劇的に変化したとみられることである。はたしてこれが局地的な現象だったのか、それとも何か重要な意味があるのだろうか。

調査団長だったヴァレンティン・トヴェルドハレボフは、1960年代に、三畳紀初頭に河川による堆積速度が著しく増加したことを指摘した。そして彼はこの現象の原因がウラル山脈の再隆起にあると考えた。膨大な量の堆積物がウラル山脈の西麓から流出し、扇状地を形成した。扇状地はそれぞれ長さ100～150キロメートルに達し、湖や蛇行河川を伴う広大なペルム紀の平原の上へと拡がっていった。現在の「沖積扇状地」は、河川の傾斜が大きく変わるところで形成される。特に山の中で巨礫などの粗い堆積物を大量に運ぶような速い流れの河川が、平野の平坦な場所へと出てくる際に急速に流速が低下して形成されることが多い。

それとは別に、南アフリカで調査をしていたロジャー・スミスと、彼の共同研究者でシアトルにあるワシントン大学のピーター・ウォードは、トヴェルドハレボフと同様の結論に達していた。南アフリカのカルー盆地のペルム～三畳系の堆積相が、ペルム紀末期の蛇行河川を伴うような低エネルギー状態から、三畳紀初頭の網状流や沖積扇状地を伴うような高エネルギー状態へと移り変わったことを示していた。それ以降、この河成層における堆積様式の変化が、オーストラリア、インド、スペインのペルム系・三畳系境界で指摘されるようになった。ただし、このような変化はどこでも見られるわけではない。この時代の土壌の研究によれば、このとき土壌浸食が激しくなり、陸域の土壌や有機物が海へと流出していったという。もしこれが世界規模で起こったならば、局地的な地盤の隆起は原因ではなかったことになる。それでは何が起こったというのだろうか。

調査団の一員だったアンディー・ニューウェルは、ペルム系・三畳系境界付近の地層で、礫が流れ込んで形成された流路が突如大きくなることに気付いた。そしてこの現象が気候の変化と関連していた可能性を指摘した。ペルム紀末期のいくぶん乾燥し、またある程度湿潤でもあった気候が、三畳紀初頭には非常に乾燥した気候へと世界規模で移り変わったことは、よく証明されている。そしてこの乾燥気候が植生を減少させたため、大地が露出し、大量の堆積物が生み出されていった。

この考えは、他の証拠によっても支持される。すなわち、ペルム系・三畳系境界付近では、普通の緑の植物が一時的に消滅した代わりに、菌類や藻類が繁茂する水辺が拡がったことを示す層準が現れる。それより下位の層準では、シダ植物の胞子、シダ種子類、トクサ類などの植物化石が含まれ、低木から背の高い樹木までが育っていた。このような植物は、三畳紀古世の後半にはふたたび姿を現すようになる。しかし菌類や藻類を含む境界層は、通常の植生が急激に失われたことを示唆している。私たちは、植物が失われると壊滅的な浸食が引き起こされることを知っている。たとえば、現在のバングラデシュでは、ヒマラヤ山脈の麓の高地で森林伐採が行われた後に、表面流水と浸食の速度が著しく増加している。

土壌流失によって大量の堆積物が浸食されたことは、絶滅事件の本質を知る上で、さらなる手がかりを与えてくれよう。最後の証拠は、同位体からもたらされた。

同位体と気候変動

炭素と酸素の安定同位体を用いた解析は、過去の地球の状態を理解する上で、ますます重要になっている。このような例はすでに129ページで見てきた。ペルム紀・三畳紀境界において、酸素18（^{18}O）の割合が急速に減少した。その値は、地球全体の温度が6度上昇したことを示している。

地球温暖化は、海洋循環を弱めるので、海洋の無酸素状態を引き起こす原因となる。その結果、海洋水に溶けている酸素の量が少なくなってしまう。ポール・ウィグノールとリチャード・トゥイチェットが示唆したように、世界規模での酸素の欠乏によって、海の生物が多数死んでしまったに違いない。

炭素同位体は、ペルム紀末の大量絶滅の原因を探る上で非常に重要な指標となる。ここで鍵を握る同位体は、動植物を特徴づける炭素12（^{12}C）と、無機的な条件下で見出される炭素13

$(\delta^{13}C)$の二つである。ペルム紀・三畳紀境界では、炭素13の比率が負の偏位を示す（図18の$\delta^{13}C$の折線グラフ）。このことは、炭素12の割合が相対的に増加したことを意味し、そのまま解釈すれば、有機物の埋没速度が大きく上昇したことを意味する。この有機物は、おそらく絶滅事件によって死んでしまった動植物に由来するものと考えられた。

しかし、この表面上の解釈は十分ではなかった。炭素13同位体比（$\delta^{13}C$）の負の偏位量は、4〜6パーミリに達し、生物遺骸の大量埋没だけで説明するにはあまりにも大きすぎた。大気と海洋へさらに軽い炭素を投入しなければ説明がつかない状況だった。火山によって地中から放出される二酸化炭素は、低い炭素同位体比を示す（炭素12の割合が多い）。しかし、シベリア洪水玄武岩の噴出によって生み出されたすべての二酸化炭素を計算に入れても、境界で見られる同位体偏位の原因を説明するのに十分ではなかった。

軽い炭素の起源を十分に説明できるのは、気体水和物中のメタンではないかと思われる。気体水和物は有機炭素の巨大貯蔵庫であり、ほとんどは氷に閉じ込められたメタンから構成される。それは大陸縁辺の深海底や極域の永久凍土層に含まれている。メタンは海で死んだプランクトンや、ツンドラ地帯の植物の根や葉などの有機物が腐敗することで生じる。ツンドラ地帯の気温が上ったり、深海底の海水温が上昇すると、氷が溶けてメタンガスが急速に放出されるだろう。しかし、これは一度限りの出来事である。ひとたび気体水和物からメタンガスが放出されると、ふたたびメタンが溜まるのに数万年はかかる。

温暖暴走

ペルム紀末の大量絶滅について、50万年以上の期間続いたこと、酸素同位体の証拠、海底の無酸素堆積物、陸上植物の消滅、負の炭素同位体比偏位について説明してきた。これらの証拠によって、生命が壊滅状態に陥った最大の絶滅の原因を系統的に説明できるだろうか。

ある研究者は、白亜紀末に起こったのと同様な地球外からの天体衝突（２０４ページ参照）が原因であると考察した。しかし天体衝突の証拠はかなり乏しい。これまでの証拠をうまく説明できる説は、もちろん証明されてはいないが、地球自身に原因があるというもので、地質学的な証拠と古生物学的なデータを組み合わせ、同時に起こったシベリアでの激しい火山噴火の事実を考慮に入れて提案されるべきだろう。

１９９０年以降、地質学的な証拠（海洋無酸素状態、地球温暖化、生物多様性と生息数の激減）をシベリア洪水玄武岩の噴出と結び付けて、系統的に説明するような考えが模索されてきた。炭素同位体比の明瞭な負の偏位は、軽い炭素同位体（質量数12の炭素）の劇的な増加を意味し、その起源が埋没有機物、火山ガス中の二酸化炭素、そして気体水和物中のメタンといった複数にわたることを、多くの地質学者や大気科学の専門家たちが認めている。

まずはじめに、ペルム紀・三畳紀境界で膨大な量の洪水玄武岩がシベリアで噴出したことによって、最初の地球温暖化が引き起こされた。その温暖化が凍結していた気体水和物を融解し、莫大な量のメタンガスを巨大な泡として海面へと上昇させた。おびただしい量のメタンガスが大気中へ放出されたことで、温暖化がさらに進行し、残されていた気体水和物がさらに溶け出した。この過程は、引き金となった温暖化がさらなる温暖化を招くという正のフィードバックによって進行し、「温暖暴走現象」と名付けられた。ある種のしきい値に達したがために、二酸化炭素濃度を減少させるようにはたらく通常の自然の仕組みが機能しなくなってしまった。温暖化は制御が効かなくなり、生命の歴史上で最大の崩壊へとつながっていった。

噴火の際に放出される火山ガスには二酸化炭素が含まれており、それは水と混ざることによって酸性化する。したがって、膨大な量のシベリア玄武岩が噴出した後、すぐに「酸性雨」が降りはじめた。酸性雨は陸上植物を枯死させ、その遺骸は高地の土壌とともに洗い流されて取り除かれた。海に溶けきれずに大気中へ放出された二酸化炭素とメタンガスは、地球全体を温暖化させた。温暖化は海洋水の停滞をもたらし、一定期間、海底の酸素欠乏を引き起こした。

陸上植物が酸性雨によって枯死し、海の動物たちが酸素欠乏によって死んでいった証拠がある。大気中の酸素もまた乏しくなり、多くの陸上動物にとって生理学的な重圧がかかったに違いない。無酸素状態の海洋で硫化水素が過剰に生成されるのはあり得る話である。これに関して、黄鉄鉱がたびたび産するという証拠がある。黄鉄鉱は海水に硫酸塩が存在する中で、細菌が有機物を腐敗させていく過程で生成する。硫化物を含む水が深海底から上昇し、通常の海水と置き換えられていく過程で、すべての生物を死滅させた。やがて硫化水素は大気中へと放出されていく。陸上動物たちが通常より低い酸素濃度の中であえいでいるときに、卵の腐ったような臭いの硫化水素ガスは、彼らにとどめを刺しただろう。

絶滅からの回復

生物が死滅していく実際の過程については、未だ推論の域を脱しておらず、各々の研究者がそれぞれに自分の考えにこだわっている。しかしその恐ろしい場面について、さまざまな角度からの信頼できる証拠が集められつつある。生物多様性が絶滅事件前の4〜15パーセントにまで減少した後に、ふたたび元へ戻るまでどれだけ時間がかかったのだろうか。

同位体の検討結果によれば、三畳紀の最初の５００万年間に炭素同位体比の異常が何度か繰り返された。そのときおそらく2回の危機的状況が発生したとみられている。そのうちのはじめはまったくひどい状態で、シベリア洪水玄武岩の噴火が続き、温暖化と無酸素状態が卓越していた。中国における化石の研究によれば、最初の危機が訪れた後の70万年間は、生命の回復が軌道に乗らなかったことを示している。それに引き続く５００万年の期間は、陸上に植生はまばらで森は元に戻らなかった。四肢動物はおおむね小型〜中型の大きさであり、生息域は限定され、大きな植物食動物や肉食動物はまだ存在していなかった。

ロシアにおける私たちの研究では、四肢動物の絶滅からの回復がかなりゆっくりとしていたことが示された。調査が行われた大量絶滅の後およそ１５００万年までの間の最後の時期でさえ、生態系はまだ均衡が保たれていなかったようにみえる。三畳紀中世の生態系はふたたび複雑になっていったが、小魚を食べる動物と小さな昆虫を食べる動物はまだいなかった。それはちょうど大きな植物食動物とそれを食べることに特化した肉食動物のような関係が成立していなかったことを意味する。小魚・昆虫食動物が存在しなかったことは、ペルム紀末期の場合と比較して生態系が単純な状態で平衡に達したというよりは、むしろ生態系が不完全な状態のままで、絶滅からの回復がなかなか進展しなかったことを意味している。その証拠に、三畳紀も終わりに近づくと世界中のさまざまな地域における動物相に、小魚や小さな昆虫を食べる多様な両生類、大型植物食動物、大型肉食動物が出現するようになり、より豊富な生態系へと戻っていった。

同じように植物と海の動物たちも、絶滅からゆっくりとした回復過程をたどったようである。地質学者たちは、三畳紀古世から中世の２０００万年間にわたり、「石炭を産しない時期」

と「サンゴ礁の見られない時期」があることを以前から認識していた。陸上の植生はまばらで、特に樹木はほとんど生えていなかった。海ではサンゴ礁が自ら回復することはなかった。ペルム紀末の大量絶滅は、生態系の一翼を担う森とサンゴ礁を地球上から消し去ってしまった。それらが多様な種で再生されるまで２０００万年かかったとみられている。

それゆえ生態系の回復という観点でいえば、ペルム紀末の大量絶滅は五大絶滅事件の中で最も回復までの期間が長かった。他の絶滅事件の中で、６５５０万年前に起こった恐竜の絶滅でさえ、それほど過酷な状況ではなかったし、生活様式がこれほどまでひどく破壊されることはなかった。ペルム紀末の大量絶滅からの回復に要した期間は、他と比べても非常に長くかかっている。海産動物の属数を数えてみると、ペルム紀末期の総数にふたたび回復するのは、絶滅後ほぼ９０００万年経過したジュラ紀新世になってからであった。そして科の数について見てみれば、世界中で回復を見せるのは、絶滅後1億年経ったジュラ紀末になってからだった。

シカゴ大学の進化生物学者・古生物学者であるリー・ヴァン・ヴァーレン教授は、ペルム紀末の大量絶滅について「顕生累代《けんせいるいだい》の生物群集の進化が一度休止し、そして再始動した」と述べた。絶滅事件後の動植物は違った種類に置き換わり、進化の進み方もまた変化した。海と陸の生物は、中生代の夜明けを告げる三畳紀の新世界で、現在へとつながる生態系を構築し始めた。

（訳注8）菊石亜綱。巻いた殻をもつ遊泳性軟体動物を総称する分類群。アンモノイド類ともいう。なお、アンモナイトはジュラ紀と白亜紀に出現する菊石類で、縫合線が複褶曲する種類に限定して用いられる。

（訳注9）ペルム紀の有孔虫は底生のみで、浮遊性の有孔虫が存在したという確実な証拠はない。浮遊性有孔虫は三畳紀末以降出現する（199ページ参照）。

（訳注10）ニュージーランドでの研究によれば、古生代型放散虫は三畳紀初頭まで生き延びたという。

（訳注11）2011年に中国科学院の沈《シェン》 樹忠《シュチョン》博士によって、中国南部の凝灰岩層の年代測定結果がすでに示されている。

第7章
中生代――現在の生態系の始まり

何事もほどほどが一番である。大きくなりすぎて滅んだ恐竜を見よ。
エリック・ジョンストン、米国商工会議所会頭の辞（１９５８年）

現在の生態系に関する本章を恐竜の話から始めるのは、矛盾しているように思われるかもしれない。だが海中でも陸上でも、現在の生態系が成立し始めたのは三畳紀の頃であり、恐竜は現在まで続く生態系の初期の構成員だったのだ。

ペルム紀末の大量絶滅によってそれまでの生態系は破壊され、中生代に入ってから数千万年もの年月をかけてふたたび生態系が構築された。生命の歴史において、ペルム紀・三畳紀境界は非常に大きな区切りとなっている。実際、この境界の前後であまりに何もかもが変化したため、ペルム紀や三畳紀がどのような時代であったのかを古生物学者がきちんと把握するよりもずっと前の１８３０年代にはすでに、この重要な歴史境界の存在が指摘されていた。

本章では、今から2億5100万年前〜6550万年前の中生代に焦点を当てる。中生代はペルム紀末の大量絶滅に幕を開け、その大量絶滅と同じくらいによく知られた白亜紀末の大絶滅をもって幕を閉じる。この白亜紀末の絶滅事件では、恐竜や海生爬虫類、その他多くの有羊《ゆうよう》膜《まく》類が地球から姿を消した。「中生代」はイギリスの地質学者、ジョン・フィリップス（1800〜1874年）によって命名された。フィリップスは、産出する化石の違いから生命の歴史を大きく三つ、古生代・中生代・新生代に区分した。古生代はカンブリア紀からペルム紀までに相当する時代であり、中生代はそれに続く三つの時代（三畳紀、ジュラ紀、白亜紀）を含む。そして、新生代は白亜紀が終わった6550万年前から現在までを含む時代である。

本章では、現在に続く生態系の重要な構成を、まずは水中、そして陸上において見ていく。だがその前に、中生代の地球はそもそもどのような世界だったのだろうか。

中生代の世界

それまでの生物のほとんどがいなくなってしまった点をとりあえず棚に上げると、三畳紀の世界は多くの点でペルム紀の世界に似ている。すべての大陸は依然として一つにまとまって超大陸パンゲアを形成していた。ただし、三畳紀の終わりには、南北二つの大陸への分裂が始まろうとしていたが、大陸全域にわたって四肢動物の動物相が類似しているため、当時の四肢動物は大陸中を広く移動できたと考えられる。たとえば、三畳紀の陸上のいたるところから、植物食性のリストロサウルス（157ページ参照）の化石が産出する。同時代の他の小型・中型の爬虫類や両生類の分布もだいたい似たり寄ったりの状況だった。

三畳紀の気候は温暖で、極地と熱帯との差は現在ほど激しくはなかった。当時の北極と南極には陸地は分布せず、両極は氷で覆われていなかったと考えられている。三畳紀新世に入ると大きな気候変動が起こり、それまで温暖で湿潤だった気候は高温で乾燥したものとなった。この気候変動のおもな要因としては、パンゲア大陸が北進したために赤道周辺の陸地面積が増えたためと考えられている。この気候変動によって、現在の陸上生態系、そして恐竜の時代が幕を開けた。

ジュラ紀の気候は三畳紀よりも湿潤で、極域近辺まで温暖であった。亜熱帯気候を好むシダや針葉樹などが、当時北緯60度あたりに位置していた場所からも見つかっており、グリーンランドや南極大陸にも豊かな植物相が存在していた。

白亜紀の時代、少なくともその中のある一時期の間、北極と南極には氷が存在していたことが示唆されている。しかし白亜紀の気候もおおむねジュラ紀と同じように温暖であったと考えられており、植物の分布も似たような傾向を示していた。極域の気候も温暖であり、亜熱帯と温帯の植生の分布境界は現在よりも緯度にして15度ほど高緯度に位置していた。当時の気候を現在の地球に当てはめてみると、北欧デンマークを含めたヨーロッパやアメリカ合衆国の大部分が熱帯・亜熱帯性気候に属していることになる。恐竜やその他の爬虫類の化石は、赤道直下から極地まで、当時のすべての気候帯から見つかっている。

ジュラ紀から白亜紀にかけて、大陸の中央が北から南へと徐々に裂けていき、大西洋が形成された。ジュラ紀新世には北大西洋はかなり広くなっており、裂け目の北端に位置するグリーンランド島などを経由することで、かろうじて恐竜は北米大陸とユーラシア大陸との間を行き来できただろう。ジュラ紀と白亜紀のほとんどの期間において、アフリカ大陸は南米大陸とつながっており、ユーラシア大陸とは大洋で隔てられていた。白亜紀に入ると、南大西洋が形成されることによってアフリカ大陸と南米大陸とは隔てられた。当時のマダガスカル島は南米大陸とつながっていたと考えられている。インド亜大陸とオーストラリア大陸はアフリカ大陸から離れて東へと移動し、白亜紀より後の時代になって現在の場所にたどり着いた。

三畳紀の海

わずかに何種かの腕足《わんそく》動物や軟体動物、棘皮《きょくひ》動物、魚類、それに爬虫類などがペルム紀末の海を生き延びた。三畳紀初頭の海は異常な状態にあり、多くの海生生物はそれまでよりも体が小さくなった。この時代からも化石が豊富に見つかる場所は存在するが、そうした化石は、たとえば、巻貝などは大量絶滅の前に比べて体の大きさが半分から4分の1程度に小さくなってしまった。この現象はリリパット効果[12]とよばれている。プリマス大学のリチャード・トゥイチェットは、こうした小さな巻貝や小さな魚、小さなヒトデなどは当時の食糧供給量の少なさを示していると述べている。比較的小さな種だけが大量絶滅を乗り越えることができたのだろうか。それともそれぞれの生物種において個体の体が小さくなる方向に進化していったのだろうか。

アンモナイトを含む菊石類は、ペルム紀末と白亜紀末の両方の大絶滅による影響を強く受けた。ペルム紀に菊石類は大いに繁栄し、種数だけでなく、自由に泳ぎ回る肉食のものや、小さな甲殻類を濾過して食べるのものなど、生態もまた多様であった。菊石類はペルム紀末にほぼ絶滅したが、わずかに2、3種が大量絶滅を生き延びることができた。こうして生き延びた種は三畳紀に入って再度多様化し、わずか1000万年ほどで以前に占めていた生態ニッチのほとんどをふたたび占有するようになった。

サンゴ類もまたペルム紀末の大量絶滅によって大打撃を受けた。古生代のサンゴ礁を形成していた四放《しほう》サンゴ類や床板《しょうばん》サンゴ類が絶滅したため、三畳紀古世から中世にかけての

1500万年くらいの間、地球の海にはサンゴ礁が存在しなかった。三畳紀の中世から新世にかけて、現在のサンゴ礁の主要な構成員であるイシサンゴの仲間が小さなサンゴ礁をあちこちにつくり始めた。現在では古生代のサンゴ礁にも匹敵する巨大なサンゴ礁を熱帯の海で見ることができる。

ペルム紀末の大量絶滅はまた、多くの魚の仲間も絶滅に追い込んだ。だが、生き延びた魚は三畳紀にふたたび多様化し、その中にはほぼ現在の姿をしたサメの仲間も含まれていた。特に硬骨魚類は三畳紀に著しく多様化したが、三畳紀に出現した魚の多くは古生代の魚ほどにヨロイをまとった姿ではなかった。三畳紀になって新たに現れた魚の仲間には、急速に多様化したものもいた。たとえば、北米の東海岸の淡水域に生息していたセミオノタス科という活発に泳ぐ小さな魚のグループには、体高が体長より大きいものから体が非常に細長いもの、それに口《こう》吻《ふん》がとがっているものまで、さまざまな種が存在していた。

三畳紀の海生爬虫類

三畳紀に魚や底生海産動物、それに菊石類などの多様性が回復したことで、それらを餌とする大型の捕食者の存在が可能となった。ペルム紀までは海に生息する爬虫類はほとんど存在しなかったが、三畳紀に入るとそのような爬虫類が数多く出現した（図19）。それら三畳紀の海生爬虫類の中には、進化的に見て比較的短命なものもいれば、中生代を通して海の生態系の主要な構成員となったものもいた。

中生代に最も成功した海生爬虫類は魚竜《ぎょりゅう》（イクチオサウルス）の仲間であろう。魚竜類は水中生活にとてもよく適応しており、首のくびれがない流線型の体つきや胸ビレ、それに魚のような尾ヒレなど、イルカに似た形をしていた。魚竜類は三畳紀の初期に出現し、その後中生代全体を通して基本的に同じような体つきをしていた。ドイツで発見されたミクソサウルス *Mixosaurus*（図19A）のように初期の魚竜類は体長が1〜3メートルほどで、口の周辺の吻《ふん》が長いという特徴をもつ。目は大きく、アゴは細くてクギのような歯が並んでいた。前肢と後肢はどちらも短くて手はミトンの手袋をはめたように広い櫂《かい》状になっており、つまりはイルカの胸ビレと同じような形態と機能をもっていた。魚竜の進化は謎に包まれている。魚竜が陸上生活をしていた爬虫類を祖先にもつことはまず間違いないが、ではその祖先はどのような爬虫類であったのか、まだまったくわかっていない。魚竜類の化石は比較的多く残されており、三畳紀半ばからジュラ紀初期にかけてのイギリスやドイツの地層から数多くの標本が発見されている。体長15メートルにもなる魚竜類の化石が北米の三畳系から発見されているが、魚竜類のほとんどは体長1〜3メートルほどである。出産直前や出産途中の化石も見つかっており、卵を産むのではなく胎生であったことがわかっている。

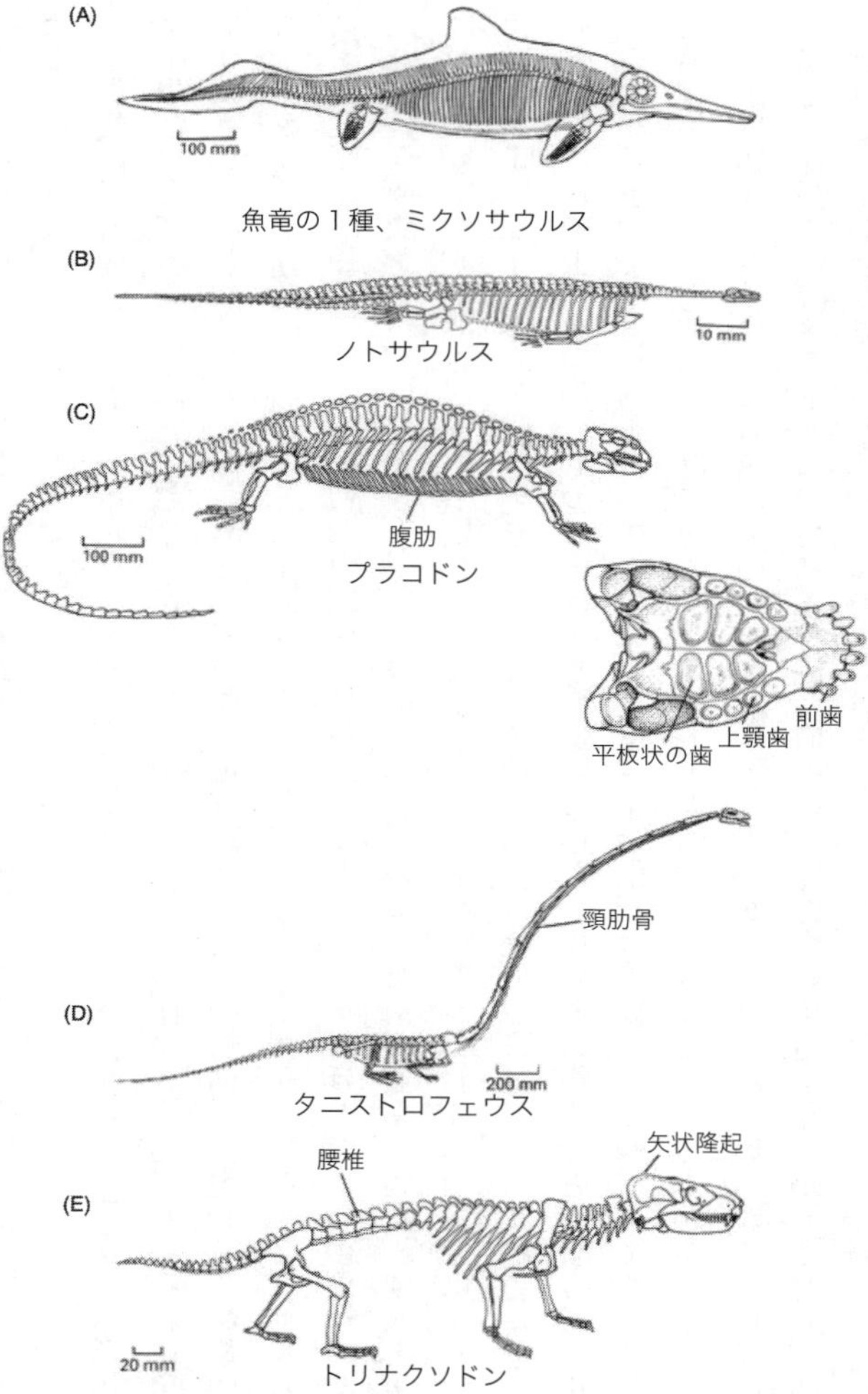

図19　三畳紀の爬虫類．A～Dは海洋性，Eは陸上性．

三畳紀の海に生息していた二つの爬虫類グループ、パキプレウロサウルス類（厚肋竜《こうろくりゅう》類）とノトサウルス類（偽竜亜目）は長い首をもっており、魚竜ほどには流線型の体をしておらず、彼らのように完全な水中生活は送っていなかった。パキプレウロサウルス *Pachypleurosaurus* は体長が50センチメートルより短く、小魚や小さな甲殻類などを追っていたと考えられている。ノトサウルス *Notosaurus*（図19B）はそれより大きな体をしており、魚竜や大きな魚を獲物としていた。パキプレウロサウルスやノトサウルスはほとんどの時間を水中で過ごしていたが、産卵のために岸に上がる必要があったと考えられている。ジュラ紀の有名な海生爬虫類である首長竜は、ノトサウルスから分岐した。

板歯《ばんし》類（プラコドン類）として知られる爬虫類（図19C）も三畳紀の海に生息していた。板歯類という名は独特の歯の形状に由来する。幅広の口に、へら状の前歯と、それに続いて平板状の歯がアゴの奥まで並んでいた。おそらくは貝などの堅い殻をもったものをこの独特の歯ですりつぶして食べていたのだろう。板歯類は堅いヨロイをまとった幅の広い体に櫂状の四肢をもっていた。この四肢で海底を這いながら、牡蠣《かき》などを前歯でかき取り、貝殻を奥歯ですりつぶしていたのではないだろうか。

三畳紀の海生爬虫類の中で最も奇妙なものはタニストロフェウス *Tanystropheus*（図19D）だろう。タニストロフェウスの化石は、三畳紀の半ばから後期にかけての海成層から、パキプレウロサウルスや魚竜、それにプラコドン（板歯類）などと一緒に発見されることが多い。タニストロフェウスは胴体の2倍もの長さの首をもっている。首はわずか9〜12個の頸椎で構成されており、このためにさして自由に動かすことはできなかったと考えられる。幼体の首はそれほど長くはなく、成長に伴って異常なまでに長くなった。どうしてこのように長い首をもっていたのかは、まだわかっていない。タニストロフェウスは鋭い歯をもっているため、肉食であったと考えられている。おそらくは浅い海を泳いだり岩陰に隠れたりして、長い首を突き出して魚を捕えていたのだろう。

ペルム紀末の大量絶滅から５０００万年が経った三畳紀の終わりには、ふたたびサンゴ礁が形成され、現在見られるものと同じような形をした貝類やウニ類、その他多くの無脊椎動物が海底を動き回っていた。三畳紀の海を泳いでいた爬虫類の中には、次の時代にまで生き残ることができなかったものも存在したが、多くは引き続きジュラ紀の生態系でも重要な役割を担った。陸上でもまた、三畳紀に入って生態系が回復し、新たな爬虫類の一派が台頭してきた。恐竜である。

陸上の生態系

三畳紀前半の南半球の植物相は、ディクロイディウム *Dicroidium* という広い葉をもつ灌木《かんぼく》のシダ種子類が優占的であった。ディクロイディウムの茂みの中では、無数のヤスデやムカデ、クモや昆虫がうごめいていたが、それらは石炭紀の祖先ほど巨大ではなかった（131ページ参照）。他にもミミズやカタツムリ、ナメクジなどがいたが、総じて現在のものとほとんど変わらない姿をしていた。これらの小動物は、テロケファルスやバウリア *Bauria* といったいわゆる「哺乳類型爬虫類」など、ペルム紀末の大絶滅を生き延びた小型爬虫類の貴重な餌となった。

浅い池や川にはさまざまな両生類が生息していた。その多くは、分椎《ぶんつい》類という石炭紀やペルム紀から白亜紀の初期にかけて繁栄した分類群に属していた。三畳紀の動物相は、分椎類などの古生代からの生き残りと、ペルム紀末の大量絶滅によって空いた生息域を埋めるために新たに出現したグループとの、奇妙な混在状態を呈していた。

キノドン（「犬の歯」の意）という小さな捕食者もいた。この小さな爬虫類は、当時の他のいかなる動物とも異なる外見をしていた。たとえば三畳紀初期のアフリカ南部に生息していたキノドン類の1種、トリナクソドン *Thrinaxodon*（図19E）は、現在のイヌにどことなく似た形をしており、体毛を生やしていたと考えられている。ただし体毛は化石に残らないので間接的な証拠から推定するしかない。トリナクソドンは小さな頭、自由に動く首、力強い背、短い尾をもっており、アゴには形の異なる歯（門歯、犬歯、臼歯）が並んでいた。この時代のほとんどの動物の四肢は、現在のワニのように胴体の側面から出ていたが、トリナクソドンの場合は、現在のイヌなどと同じように胴体の直下から伸びており、このために速く走ることができたであろう。

トリナクソドンに体毛が生えていたとしたら、それは何を意味するのだろうか。それはおそらく恒温動物であったこと、つまり爬虫類よりも哺乳類により近い存在であったことを意味している。トリナクソドンに体毛が生えていたことを示唆する証拠は顎骨《がくこつ》にある。現在の哺乳類はヒゲ（洞毛《どうもう》）を感覚器官として使用しており、顎骨には洞毛から伸びた神経が通るための孔が多数あいているが、トリナクソドンの顎骨にも現在の哺乳類と同じような小さな孔があいている。つまり彼らもまた洞毛を生やしていたと推定される。洞毛は体毛が変化したものであり、したがって洞毛を生やしていたことから、体毛もすでに獲得していたと考えることができる。

体毛以外にも、三畳紀初期のキノドン類は哺乳類に近い特徴をいくつか備えていた。爬虫類の歯はふつう同歯性を示し、前歯から奥歯まで基本的に同じ形をした歯が並んでいるが、キノドン類の歯は異歯性を示し、犬歯や臼歯など複数の種類の歯が並んでいる。トリナクソドンの背骨は胸部と腰部の二つに分けることができ、胸部にのみ肋骨が付随している（図19E）。爬虫類は一般的に胴体全部にわたって肋骨が存在するが、哺乳類の肋骨は肺のまわりにしか存在せず、胸郭の下部には強力な横隔膜が存在して呼吸運動を行い、腰部には肋骨は存在しない。

主竜類の台頭

ペルム紀末の大量絶滅によって多くのニッチが空いたため、陸上ではトリナクソドンなどのキノドン類、そして中生代の覇者たる主竜類《しゅりゅう》が台頭してきた。主竜類（上目）には鳥類やワニ類に加えて、現在では絶滅した恐竜や翼竜《よくりゅう》などが含まれている。主竜類の特徴として、頭蓋骨の眼窩《がんか》と鼻孔の間に「前眼窩窓《ぜんがんかそう》」とよばれる機能不明の穴が存在する点が挙げられる。現在のところ最古の主竜類の化石はロシアのペルム紀末期の地層から発見されている。

三畳紀に入ったばかりの頃の主竜類はせいぜい体長1メートル程度の大きさでしかなかったが、ペルム紀末の大量絶滅からわずか500万年後には、体長5メートルにもなるエリトロスクス *Erythrosuchus* が現れた。エリトロスクスは頑丈なアゴをもち、この時代のあらゆる生き物を餌としたのだろう。主竜類は三畳紀中世から新世にかけて著しく多様化し、大型の肉食者や魚食専門のもの、植物食のもの、二足歩行によってすばやく動くことができるようになった小さな昆虫食者、そして空を飛ぶものまで現れた。

軽い体重、手斧のような形をした細い頭部、それに長く伸びた第四指で支える細長い翼によって、翼竜は大空の覇者となった。丈夫でしなやかな膜を腕と指の骨で支え、その膜は地上に降り立った際には折りたたまれ、飛行中はピンと張っていた。翼竜の体は毛で覆われており、体温を一定に保つことで飛行中も高い新陳代謝を維持していたと考えられている。

翼竜はジュラ紀から白亜紀にかけて重要な空の生態系を担っていた。彼らはおもに魚食性であったが、昆虫食のものや、恐竜の食べ残しを狙うハゲワシのような死肉食者もいた。時代が下って白亜紀に入ると、とてつもなく大きな翼竜が現れた。たとえばプテラノドン *Pteranodon* は翼開長が5～8メートルほどであり、ケツァルコアトルス *Quetzalcoatlus* に至っては11～15メートルもあった。ほとんどの翼竜は沿岸で魚を捕えていたが、昆虫食のものも少なくなかった。

最初の恐竜

恐竜は、今から2億3０００万年ほど前の三畳紀新世に出現した。現在知られている最古の恐竜、エオラプトル *Eoraptor* とヘレラサウルス *Herrerasaurus* は完全に近い状態の化石がアルゼンチンのイシワラスト累層から発見されており、恐竜が主流となる以前の時代をよくうかがうことができる。

エオラプトルは体長1メートル程度、ヘレラサウルスはそれより大きく3メートル程度であった。どちらも二足歩行をしており、速く走るのに適した長い後肢と、獲物をつかむのに適した短く強靭な前肢をもっていた。前傾姿勢ですばやく移動できるように、臀《でん》部もこれまでの爬虫類とは違った構造をしていた。

エオラプトルやヘレラサウルスは、リンコサウルス類（目）のスカフォニクス *Scaphonyx* やディキノドン類（双犬歯亜目）のイシワラスティア *Ischigualastia* などといった、より大きくて個体数の多い恐竜ではない爬虫類に囲まれて暮らしていた。つまりこの時代にはまだ恐竜は「主流」ではなかった。だが三畳紀よりさらに後の時代になると、見渡す限りの景色が恐竜で埋め尽くされるようになる。

恐竜のいた時代を、恐竜という独裁者が他の生物を従えていたようなイメージでたとえる古生物学者は多い。いわく、爬虫類による支配、恐竜の君臨、恐竜王朝、……。そして、恐竜は登場した頃からすでに獰猛で活動的であり、他の動物よりも優れていたと考えがちである。しかし本当にそうだったのだろうか。

カルニア期の異変

動植物の主だった分類群は皆、祖先から改良を積み重ねて現在に至っている——私が学生だった頃、生物の進化はこのように教えられていた。新たに現れた恐竜は、すでに存在していた

リンコサウルス *Rhynchosaurus* やディキノドンなどよりもさらに環境に適応していたから、それらに打ち勝つことができた。つまるところ、進化の原則は「適者生存」であり、生物の進化は環境へのより優れた適応を求めた改良の連続であるという。

こうした教えに対して、一つの疑問が生じたことを今でも覚えている。ある時代に繁栄した生物はその前の時代に繁栄していた生物より優れていると、必ずしもいえるのだろうか、と。進化とは確かに、種レベルであれ個体レベルであれ、周囲の環境により適応する方向へと進んでいく。だが、適応すべき環境もまた、時代とともに移りゆくのではないだろうか。ある時代の環境にうまく適応した形質が、その前の時代でも通用したとは限らない。つまりまだ恐竜が少数派であった頃、すでに恐竜のほうが当時のそれ以外の動物より優れていたとはいえないのではないだろうか。

ニューカッスル大学の博士課程に在籍中、私はこの疑問に取り組んだ。もしも競合によって他種を押しのけていったならば、動物相は連続的に変化していくはずなのだ。だが、三畳紀の動物相がより祖先的な爬虫類グループから恐竜へと徐々に置き換わっていったことを示すデータは一つも得られなかった。

今から2億3000万〜2億2000万年前、三畳紀新世のカルニア期に劇的な変化が起きた。アルゼンチンのイシワラスト累層など、カルニア期の地層からは恐竜はそれほど多くは見つからない。それに当時の恐竜は小さなものばかりだった。だがそれからわずか数百万年後のノール期に入ると、突如として恐竜が圧倒的な多数派となり、リンコサウルスやディキノドン、その他の植物食爬虫類が地上からいなくなってしまったのだ。これは恐竜がその出現当初から優れていたからというよりもむしろ、この時代に地球の環境が激変したことを示唆しているのではないだろうか。これまで湿潤であった気候が乾燥したものへと変化した。このため、植生に変化が起こり、優占種が灌木《かんぼく》のディクロイディウムから針葉樹に入れ替わったとしたらどうなるだろう。背の低いシダ種子類がなければ、リンコサウルスやディキノドンは生きていくことができない。樹高が高くて棘のある針葉樹を食べることのできる新たな植物食動物に、立場を譲らざるを得なくなっただろう。

恐竜は大きく三つの分類群、獣脚《じゅうきゃく》類・竜脚形《りゅうきゃくけい》類・鳥盤《ちょうばん》類（目）に分類することができる。これらはいずれもカルニア期末にそろって登場した。獣脚類は肉食で、三畳紀を通して体は小さいままであり、体長3メートルを超えるものは稀であった。この時代に獣脚類が大きくならなかった理由として、恐竜以外の主竜類のラウイスクス類（亜目）が、この時代にはまだ肉食動物の頂点に君臨していた点が挙げられる。ラウイスクス類は四足歩行をする大型の爬虫類で、1メートルもの長さの頑丈な頭蓋骨に鋭い歯が並んでおり、カルニア期のリンコサウルスやディキノドン、加えて最初に現れた植物食恐竜をも捕食していた。

カルニア期末の環境変異の恩恵を最も享受したのは竜脚形類である。竜脚形類はすべて植物食であり、三畳紀のプラテオサウルス *Plateosaurus* や、首が長い巨大なジュラ紀の恐竜などが含まれる。プラテオサウルスの化石はフランスやオランダ、ポーランド、グリーンランドなどヨーロッパの広い範囲から多数発見されており、当時かなり繁栄した植物食恐竜であった。

プラテオサウルスは体長7メートルにもなる大型の恐竜で、長い首にずんぐりした胴体、それに長い尾をもっていた。プラテオサウルスも基本的には恐竜の祖先的な形質である二足歩行を行っていたが、あまりに大きくなりすぎたために4本の足すべてを使って立ったり歩いたりすることもしばしばあった。プラテオサウルスの頭部は小さく、アゴには小さくて鋭い葉のような形状の歯が並んでおり、植物を食べるのに適した形をしていた。前肢の親指には大きなカギ爪が付いており、これで樹木から葉などをもぎとっていたのであろう。当時のヨーロッパ全域、そしておそらくはそれ以外の地域にも、プラテオサウルスの巨大な群れが散在していた。たとえば北米大陸では、プラテオサウルスの骨はまだ発見されていないが、当時の堆積層に多くの足跡が残されている。

鳥盤類は、三畳紀新世には比較的少数派であったが、ジュラ紀に入ると台頭してきた。鳥盤類はすべて植物食であり、三畳紀には二足歩行をする小さな種しか存在しなかった。だがジュラ紀に入ると多様化し、そのまま二足歩行をするものもいれば、ヨロイをまとった姿で四足歩行をするものも現れた。

ところで、こうした時代を実際に現在の生態系の一部と捉えることができるのだろうか。

三畳紀新世に現れた現生動物たち

もしもタイムトラベルが許されて三畳紀新世に旅行できるならば、不思議な世界が目に飛び込んでくるだろう。針葉樹やシダ類、コケ類など、現在でも見られる植生が広がっているが、花を咲かせる植物は一切存在しない。最も目につく動物は、さまざまな大きさの恐竜や空を飛ぶ翼竜である。だが、一見奇妙なその世界をじっくりと観察すると、たくさんの見慣れた動物に気付くはずだ。

水辺では、分椎類に混ざって最初のカエルやサンショウウオが登場していた。カメ類も三畳紀新世に出現した。プラテオサウルスが中央ヨーロッパの森をのそのそと歩いていた頃、その周囲の湖畔には甲羅を背負ったカメたちがいた。カメの甲羅は、恐竜にうっかり踏みつぶされないように発達したのだろうか。それともやっぱり食べられないためなのか。

トカゲのような動物もこの頃に現れた。トカゲ類はジュラ紀に、ヘビ類は白亜紀に出現したが、より祖先的な形質を残したムカシトカゲの仲間は三畳紀新世にはすでに存在していた。ちなみに現在でも、ムカシトカゲはニュージーランドに生息している。「生きた化石」として有名なこの生き物は穴を掘って暮らしており、ミミズや虫などを捕食する。トカゲ類よりも重くて堅牢な頭蓋骨をもち、多くの祖先的な形質を残している。おそらくは三畳紀のムカシトカゲ類も現生種とそれほど変わらない姿をしていただろう。

ワニの登場もこの頃である。当時のワニ類はおもに陸上で生活しており、頑丈なウロコに覆われて四足で歩いていた。ワニ類はジュラ紀から白亜紀にかけて急速に多様化し、個体数も増加した。中には完全な海生動物となって生活の場を海に移し、四肢は櫂状に、尾はヒレ状になって速く泳ぐことができるようになったものまで現れた。

しかしなんといっても、三畳紀新世に出現して現存する動物グループの中で最も特筆すべきは、哺乳類であろう。本章の前半で見てきたように、三畳紀初期のキノドンやドリナクソドンはすでに恒温性と異歯性を獲得しており、横隔膜をもち四肢が胴体の直下から伸びることなど、多くの哺乳類的な特徴を備えていた。三畳紀新世になって、キノドン類の一群から最初の哺乳類が分岐した。最初の哺乳類はリスほどの大きさでしかなく、針のように鋭くとがった小さな歯から、昆虫をおもに食べていたことがうかがえる。こうした初期の哺乳類の化石は非常に稀だが、それらの貴重な化石から、爬虫類の骨格がどのような変革を経て哺乳類のものへと変化したのかを知ることができる。最も劇的な変化は、爬虫類のアゴの関節が哺乳類の中耳《ちゅうじ》へと変化したことである。

爬虫類では、アゴの関節は下顎の関節骨と頭蓋の方形骨《ほうけいこつ》からなる。だが現在の哺乳類では、アゴの関節は下顎の歯骨と頭蓋の鱗状骨《りんじょうこつ》からなっている。この一見不可解なアゴ関節の変化がどのように起きたのか、三畳紀の地層から産出する一連の化石を通して知ることができる。三畳紀の半ばから後半にかけてのキノドン類には、アゴ関節を二つももつものが存在しており、爬虫類に由来するほうの関節がしだいに聴覚に使われるようになっていく。爬虫類は魚類と同様にただ1種類の耳小骨であるアブミ骨をもつ。爬虫類のアブミ骨は桿状の骨で、鼓膜の振動を頭蓋に伝える役割をはたしている。一方で哺乳類は3種類の耳小骨——ツチ骨・キヌタ骨・アブミ骨——をもつ。これらのうちアブミ骨は爬虫類のものと相同で、もともと私たちの祖先が海で暮らしていた頃に獲得したものだ。そしてツチ骨は爬虫類の関節骨が、キヌタ骨は方形骨がそれぞれ変化したものである。つまり、私たちの中耳には祖先がまだ爬虫類だった時代の名残が残っている。私たちが長い進化の旅路を歩んできた一つの証なのだ。

恐竜の進化

恐竜の主要な3分類群は、ジュラ紀から白亜紀にかけて徐々に適応放散を遂げてきた。先に見てきたように、三畳紀新世には恐竜はすでに、中・大型植物食動物のニッチと小型肉食動物のニッチを獲得していた。三畳紀末にラウイスクス類やその他の主だった主竜類が絶滅したことに伴い、大型肉食動物としてのニッチも獲得していく。

ジュラ紀の恐竜の中で最も印象的なのは、ブラキオサウルス *Brachiosaurus* やディプロドクス *Diplodocus* に代表される竜脚形類の一群、竜脚類であろう。竜脚類はおもにアメリカ中西部から発見されている。19世紀にこれらの「怪獣」がはじめて発見されたとき、あまりの巨大さから、陸上で体重を支えることは不可能だったに違いないと古生物学者は考えた。湖などに生息して水の浮力で体を支え、水辺の植物を食べていたのではないかと考えられた。だが現在では、これら竜脚類が陸上で体重を支えることは可能だったとの見方が強い。ブラキオサウルスはその巨大な首で、ほかのどんな動物も届かないような高い樹木の葉を食べていたのであろう。

ブラキオサウルスやその仲間は体長が20メートル以上にもなり、体重が50トンにもなる種が存在した。竜脚類はどのようにしてここまで巨大になるのだろうか。現在のゾウはおよそ15歳で性成熟を迎えるが、最も大きなゾウでも、巨大な竜脚類の10分の1の大きさもない。骨の年輪から査定すると、竜脚類の幼児期の成長速度はきわめて速く、特に5歳から12歳にかけての成長期には毎年およそ5トンずつ体重が増えていく。12歳前後で性成熟を迎えると推測されているが、その頃には体重が25～30トンもある立派な体格になっている。そして性成熟後も、増加の割合は鈍るものの、成長を続けていくことができた。

古代の湖畔に残された足跡などから、竜脚類は群れで生活していたと考えられている。彼らは灌木から樹木まで葉を食べ漁った。彼らの長い首はほとんどの場面で水平方向に伸ばしていたが、必要に応じて上方に伸ばすこともあった。泥地に巣を掘り、10個前後のラグビーボールのような大きさの卵を産んだ。産んだ卵に砂をかけて、そのまま孵化するまで放置したのだろうか。恐竜が自分の子供の世話をしたのかどうかはよくわかっていない。アニメなどで子育てをする恐竜の姿が描かれることがあるが、きちんとした証拠はまだ得られていない。

獣脚類は出現したばかりの頃は小さかったが、ジュラ紀から白亜紀にかけて多様化していった。ジュラ紀新世に現れたアロサウルス *Allosaurus* は、その時代のあらゆる動物を捕食していただろう。ただし竜脚類は大きすぎた。現在のゾウが肉食獣にほとんど狙われないように、当時の竜脚類もあまりに巨大すぎて手を出せる肉食恐竜はいなかったと思われる。白亜紀の獣脚類、デイノニクス *Deinonychus* はヒトくらいの大きさですばしこく、現在の鳥と同程度の大きさの脳をもち高い知能を備えていた。デイノニクスの特徴は後肢の巨大なカギ爪であり、この爪で獲物を捕えていたのだろう。ティラノサウルス *Tyrannosaurus* は史上最大級の肉食動物として有名であり、体長は14メートル、開いた口の大きさは1メートルにも達した。

獣脚類の恐竜から鳥類が分岐した。ドイツ南部にあるジュラ紀新世の地層から発見された最古の鳥・始祖鳥《しそちょう》 *Archaeopteryx* は、小さな肉食恐竜としての骨格的特徴と羽毛とを兼ね備えていた。もっとも、中国の遼寧《リャオニン》省から産出したすばらしい化石群が示すように、多くの獣脚類もまた羽毛をもっていたことがわかっている。羽毛のそもそもの機能は保温であったと考えられ、羽毛をもつ恐竜は体温を維持することが可能であった。デイノニクスの仲間に至っては、前肢や後肢に風切羽《かざきりばね》までもっており、高い場所から滑空することもできた。始祖鳥は羽ばたいて飛ぶことができ、その後鳥類は白亜紀を通して目覚ましい進化を遂げた。新生代に入ってから著しく多様化して現在に至っている。

三つ目の主要な分類群、鳥盤類はジュラ紀に入ってからヨロイをまとったものとまとっていないものとに分かれた（図20）。ヨロイをまとったものはさらに二つのグループ、剣竜《けんりゅう》類（亜目）と曲竜《きょくりゅう》類（亜目）とに分類される。剣竜類のステゴサウルス *Stegosaurus* は骨質の板が背中に並んでおり、これらの板を体温調節、あるいは仲間同士のディスプレイに使ったと考えられている。曲竜類のエウオプロケファルス *Euoplocephalus* はどっしりとした戦車のような体をもち、背中や尾、首、頭部はいくつもの小さくて硬い骨板によって覆われていた。まぶた

図20　北米大陸のジュラ紀新世の恐竜たち.

さえもが硬い骨質でできており、尾の先には骨質の塊でできた棍棒があった。尾の棍棒は、ティラノサウルスなどの捕食者から身を守るために有効であったと考えられる。

ほとんどの鳥盤《ちょうばん》類はヨロイをもたない鳥《ちょう》脚《きゃく》類（亜目）の仲間に分類される。鳥脚類は二足歩行であり、出現当初は小さかったが時代が下ると大きな種も現れた。白亜紀後期に繁栄したカモノハシ竜の仲間は植物食恐竜で速く走ることができた。カモノハシ竜の仲間の多くは頭の上に奇妙なトサカがあり、仲間うちでのディスプレイに使われていたと考えられている。アヒルの口ばしのようなアゴには臼歯が幾重にも重なって並んでいた。鳥脚類に近縁な角竜類というグループには、セントロサウルス *Centrosaurus* やトリケラト

プス *Triceratops* のような恐竜が分類され、大きな角と首回りに盾状の大きなフリルをもっていた。

恐竜が恒温動物であったかどうかに関しては、現在まで論争が続いている。デイノニクスのような小型で活動的な肉食恐竜が恒温性を獲得していたことはほぼ間違いないが、恒温性を維持するためには変温動物よりも多くのエネルギー（食糧）が必要となるため、より多くの餌が必要となる大きな恐竜が恒温性を獲得していたのかどうかはまだ明らかにされていない。ただし、ある程度以上に大きな恐竜にとっては、恒温性を獲得していようといまいと、その体の大きさゆえに体の中心部の温度はそれほど外気温に左右されなかっただろう。

中生代の海洋変革

海中でも陸上でも、生物の多様性を縦軸に、年代を横軸にしてグラフを作成すると、そのグラフが突如跳ね上がる場所が見つかる。今からおよそ1億年前、白亜紀の頃である。ペルム紀末の大量絶滅が終わってから生命の多様性は徐々に回復し、これまでに見てきたように、三畳紀末にもなると新たな生態系がそれなりにでき上がってきた。現在までつながる多くの生物たちも登場した。だが、それらの生物は白亜紀以降の1億年間で急激に多様化したのである。そしてその多様化の裏では、いくつかの重要な出来事が起きていた。

こうした多様化の傾向に関して、疑問の声が存在することも断っておかねばならない。古生物学者は、化石記録をもとに過去を再現する。だが、ある時代の地層から得られた化石の多様性は、常にその時代の生物多様性と一致するのだろうか。ある時代に存在したすべての生物を化石として見つけることは不可能であり、化石記録はその時代のごく一部を切り取ったものにすぎない。この点では、多くの古生物学者の意見は一致する。だが、ごく一部を切り取ったにすぎないものであるにせよ、それでも白亜紀初期に始まる多様化の傾向はとてもはっきりと表れる。それにどのような解析を行おうとも、常に同じ結果が得られる。白亜紀に生命が多様化したことは、まず間違いない。

海洋では、白亜紀に三つの多様化の波が押し寄せた。新たなプランクトンの登場、捕食方法の変化、それに新たな脊椎動物グループの出現。いわゆる「中生代の海洋変革」である。まず、中生代を通してプランクトンが非常に多様化した。炭酸カルシウムの殻をもった円石藻《えんせきそう》という植物プランクトンが三畳紀新世に現れ、白亜紀に個体数が急増した。あまりに増えたため、その遺殻が海底に堆積して世界各地に厚さ数百メートルもの白亜の石灰岩層を形成し、白亜紀の名称の由来となった。浮遊性有孔虫もまた三畳紀新世に出現し、白亜紀に急速に多様化した。有機殻をもつ遊泳性の渦鞭毛藻《うずべんもうそう》、珪質骨格をもつ放散虫や珪藻も白亜紀に多様化した。

新たに発明されたいくつもの巧妙な捕食方法によって、底生動物の多様化が促進された。白亜紀初期にカニやロブスターの祖先が出現し、貝やウニの殻をはさみで割って食べた。三畳紀に現れたプラコドン *Placodont*（図19 C）に加えて、ジュラ紀から白亜紀にかけて現れた魚や爬虫類の中には貝殻をすりつぶす技を編み出したものもいた。ある種の巻貝、特にバイ貝の仲間は、貝殻に穴をあける技を獲得した。これは非常に有効な捕食方法であったが、白亜紀に入って出現した新たな巻貝の仲間がこの技をさらに進化させ、化学的あるいは物理的な方法によって獲物の貝殻に巧妙に穴をあけることができるようになった。貝殻の炭酸カルシウムを溶かす消化液や、あるいは舌が変化した歯舌を使って穿孔したのだろう。他にも、貝殻を海底にたたきつけたり、突き刺したり、開口部から吸い出したり、殻ごと飲み込んだり、貝殻から中身をひねり出したりと、さまざまな捕食方法が登場した。

捕食されるほうもさらなる防御方法を獲得する必要に迫られた。白亜紀にこのような「軍拡競争」が激化し、捕食者・被食者双方の進化が促進されたと考えられている。攻撃が巧妙になれば、貝やウニなどの被食者もまた、より分厚い殻、さらなるヨロイ、あるいは巧みな逃避方法を進化させた。たとえばイカは、脅威を感じるとスミを吐いて自分のダミーをつくり出し、捕食者がそれに惑わされている隙に水管から勢いよく水を噴射してすばやく逃げる。アンモナイトも似たようなことができた。底生生物の中には、穴を掘って隠れることができるようになったものもいた。白亜紀ほど海底に穴が掘られた時代は、他にない。

現在の魚類もまた、ジュラ紀から白亜紀にかけて急速な進化を遂げた。現在のサメの仲間である板鰓《ばんさい》類（亜綱）は三畳紀に登場したが、白亜紀に入ってから顕著に多様化して個体数が増えた。これらサメ類の進化は、餌となる硬骨魚《こうこつぎょ》類の進化と並行している。現在の硬骨魚類は真《しん》骨《こつ》類が主流であり、サケや金魚、それにタツノオトシゴからヒラメまで、およそ2万3000種が存在する。真骨類はデボン紀の魚のようにヨロイで身を守る代わりにすばやく泳ぐことができ、銀色の光沢をきらめかせて捕食者を惑わせる。初期の硬骨魚類は比較的単純な口の構造をしていたが、真骨類は口をとがらせて餌を吸い込んだり、アゴを使って穴を掘ったり、サンゴを折ったり、といった多くのことができる。

ジュラ紀や白亜紀の海の生態系の頂点に君臨していたのは海生爬虫類であった。魚竜や首長竜は三畳紀の祖先からそのまま継続して海で生活していた。それに加えて白亜紀に入ると新たに重要なグループが出現した。モササウルス *Mosasaurus* である。モササウルスは陸上に生息するトカゲの仲間から分岐した海生爬虫類で、大きなものだと体長10メートルにも達した。モササウルス類は白亜紀新世の主要な捕食者で、おもに魚やアンモナイトを餌としていた。だが、モササウルスも、魚竜や首長竜も、白亜紀の末にそろって絶滅してしまう。

白亜紀の陸上生物の繁栄

白亜紀以降、生命は海だけでなく陸でも急速に多様化していった。カエルやカメ、ワニ、トカゲ、それに哺乳類などは三畳紀新世に出現したが、植物や昆虫は当時まだ原始的なものがほとんどを占めていた。それらの生物相は白亜紀古世から急速に変化していく。

三畳紀からジュラ紀にかけて、背の低いシダ類やトクサ類、ソテツの仲間、樹木のように巨大なヒカゲノカズラの仲間、シダ種子類、それに針葉樹などの球果植物が地表を覆っていた。だが白亜紀古世に花を咲かせる植物である被子植物が現れ、白亜紀新世に急速に増加して現在の多様性にまで達した。出現したばかりの被子植物にはすでに、モクレンやブナ、ヤナギ、ヤシなど、現在でもよく見かける植物が含まれていた。

被子植物は、現在では最も成功した植物であり、26万以上もの種がおもに陸上で生息している。被子植物の成功の理由は花の存在よりもむしろ、「重複受精《じゅうふくじゅせい》」という巧妙な生殖方法の獲得によるところが大きい。精細胞は花粉という形で雌性の花へと伝送され、卵細胞に受精する。このとき同時に、卵細胞以外の細胞も受精し、その結果として胚の栄養となる胚乳《はいにゅう》がつくられる。こうした生殖方法は、受精前から胚のために栄養を蓄えておく他の植物に比べて、受精に失敗した際の損失が少なくてすむ。

花粉は効率的に伝送されなければならない。被子植物が出現する前は、風や水によって媒介されるのが一般的であった。だが、もっとよい方法が存在する。動物に運んでもらうのだ。被子植物の多くの花は、ある特定の昆虫やコウモリ、鳥などと共に進化してきた。花蜜につられて、送粉者はそれぞれ自分に合った特定の花に吸いよせられ、わずかな花蜜を飲むと、花粉がたっぷりと付着した体で次の花へと移動する。ハチやガ、コウモリ、その他の送粉動物は花の奴隷なのだ。

被子植物が白亜紀に台頭したことに伴って、昆虫もまた同時期に多様化した。甲虫やハエなどのようにさまざまな植物に共通する送粉者となり得る仲間は、ジュラ紀から白亜紀初期にはすでに存在していた。だが、チョウや蛾、ハチなどといった現在の主だった昆虫の化石は白亜紀以降の地層からしか見つからない。そして、たとえばある特定のハチの進化は、ある特定の被子植物の進化と密接な関係にあることが知られている。

絶　滅

中生代はしばしば「恐竜の時代」とよばれており、事実、ジュラ紀や白亜紀には地上の至るところに恐竜が存在した。だが、恐竜は大きいために目立ってはいるが、生態系の進化の中心的存在ではなかった。海と陸ではもっと重要な生態系の進化が起こっていた。

白亜紀末の大絶滅、いわゆるKT事変[13]は五大絶滅（144ページ参照）の一つに数えられている。この事件に関してはさまざまな研究がなされているが、私たちはようやく、当時何が起きたのかを少しだけ概観できるようになったばかりである。

白熱した議論は続いているものの、巨大な隕石の衝突が白亜紀末の事件の引き金を引いたことはほぼ間違いない。[14]この当時、長期にわたって気候が寒冷化し、インドでは大規模な火山の噴火によってデカン高原の洪水玄武岩《げんぶがん》台地が形成された。隕石の衝突よりもむしろ、こうした気候の変化や火山噴火が主要因だとする意見も存在する。だがそれだけでは大規模な絶滅は説明できない。

直径10キロメートルにもなる巨大な隕石が地球を直撃し、この衝撃で直径150キロメートルにもおよぶ巨大なチクシュルーブ・クレーターがメキシコ南部のユカタン半島に形成された。地下の物理探査やボーリング調査で採取された岩芯《がんしん》などから、クレーターは地球のマントルにまで達していたと示唆されており、その表面にはそのとき溶解した岩石が残されている。この衝撃によって発生した大津波がアメリカ沿岸を襲い、家ほどもある巨礫《きょれき》を動かした。

隕石の衝突によって膨大な量の粉塵が大気中に巻き上げられ、それらは何か月にもわたって地球の表面を漂った。その粉塵には隕石に由来するイリジウムが含まれており、イリジウムを含んだ堆積層から隕石衝突直後の状況をうかがい知ることができる。舞い上がった粉塵によって太陽光が遮られ、このため全地球的に寒冷化すると同時に陸上植物や植物プランクトンによる光合成が阻害された。こうして光合成を基盤とする食物連鎖が断ち切られ、多くの生物が絶滅へと追いやられた。光合成を直接、あるいは間接的に利用せずに生きていける生物も、極端な寒冷化の前にはなすすべがなかった。

恐竜や翼竜、魚竜、首長竜、それにモササウルスなど、大型の爬虫類はすべて消えていった。だが多くの生物グループ、カエルもサンショウウオもトカゲも、ヘビやカメ、ワニ、鳥、それに哺乳類も、多少の犠牲は払ったものの生き残ることができた。植物や昆虫はもっと影響が少なかった。海中では、アンモナイトなどが絶滅したが、底生動物の多くは生き残った。浮遊性の有孔虫などプランクトンの多くは大きな打撃を受けた。

白亜紀末の事件は生命の歴史に深い傷跡を残した。だが、この絶滅によって空席となったニッチを求めて、ついに哺乳類、そして私たちヒトの祖先が台頭してくるのだ。

（訳注12）リリパットとは、ガリバー旅行記にでてくる小人の国のこと。

（訳注13）地質時代の紀を略記する場合、石炭紀 Carboniferous をCと略すため、白亜紀 Cretaceous はドイツ語の Kreide からとってKと略す。Tは第三紀 Tertiary の略である。したがってKT事変は白亜紀・第三紀境界事

変の略である。しかし第三紀が正式な紀ではなくなった現在では、しばしば旧成紀 Palaeogene のPをとってＫＰ（もしくはＫPg）事変とよばれる。

（訳注14）隕石衝突のみが大絶滅を引き起こしたという意見がある一方、アンモナイトやイノセラムスなどが白亜紀末へ向かって徐々に衰退し、絶滅へ向かっていたことに十分留意する必要がある。

第8章 ヒトの来た道

どうして神は人間を最後に創造したのだろうか？　それは、人間がどんなちっぽけな虫よりも後にこの世界に生まれた新参者だと思い知らせることによって、おごり高ぶらないようにさせるためだ。

『タルムード』

この宇宙にもひょっとしたら目的はあるのかもしれない。でももしそうだったとしても、その目的が私たちの目的と合致するという証拠は一つもない。

バートランド・ラッセル

本書の最終章では私たちヒト自身に焦点を当てる。私たちはここまで、生命の歴史を時系列に沿って俯瞰《ふかん》してきた。生命の起源から始まり、性、骨格、陸上生活、そして恐竜の由来を。

そして次はヒトの出番である。でもどうしてヒトなのか？　スズメやネコ、あるいはサツマイモではだめなのだろうか。現在生きているすべての生物は、どれも等しく同じ長さの進化の歴史を背負っており、皆それぞれに物語が存在する。だがヒトは私たち自身の種であり、このためにヒトに焦点を当てないわけにはいかないのだ。でもここに落とし穴がある。ヒトを特別扱いするからといって、ヒトが進化の到達点だとは思わないでほしい。

ヒトは確かに特別な存在である。自分自身がどこからやってきたのかを知ろうとし、しかもそれを本に書いて出版するような生物は、この地球上に他にはいない。有史以来、賢者は私たちに人間性を説いてきた。しかし人間性の獲得が進化のゴールではない。そもそも進化とは目的論的なものではなく、目指すべきゴールなど存在しない。未来へと至る進化の道筋なんて見えやしない。歴史の荒波に揉まれ、浮沈を繰り返しながら、さまざまな種が泡沫《うたかた》のように現れては消えていくのだ。

三畳紀の末期に生物学者がいたとして、恐竜がその後多様化して体も大きくなり、さらに1億6000万年にもわたって陸上生態系の頂点に立ち続けることなど、彼にはとうてい予測できなかっただろう。その一方で哺乳類は小さな体のままで、こそこそと夜に活動する動物であり続けたことも。同様に、白亜紀末の事件によって恐竜が滅んだ直後は、生き残ったワニ類、鳥類、哺乳類のそれぞれに最上位の捕食者となるチャンスが与えられた。どの生物が次の時代の覇者となるのか、その当時予測できる者などいなかった。他の大陸と隔離されていた南米大陸では、ワニの仲間が陸上に進出して筆頭捕食者の地位を占めた。南米大陸に加えて北米やヨーロッパでも、1メートルにもなる巨大な嘴《くちばし》をもった鳥が出現し、ウマやネコの祖先を捕食していた。

新たな時代の幕が開けた新生代旧成紀の暁新世には、私たちヒトの祖先はリス程度の体の小さな哺乳類で、枝の間をちょこまかと動き回っていた。将来この地上を席巻するきざしや知性の片鱗すらも、垣間見ることはできなかった。

霊長類の登場

1965年に、ある興味深い化石が「最古の霊長類」として報告された。その化石は発見された米国モンタナ州のプルガトリー丘陵にちなんでプルガトリウス *Purgatorius* と名付けられ、大きな騒ぎを巻き起こした。この私たちの祖先はティラノサウルスやその仲間と同時代に生きており、おそらくは木の枝に隠れて生活していたのだろう。この化石には残念な点もある。歯しか見つからなかったのだ。だが、その歯を産出した地層の年代はそれほど疑わしくはない。この歯の化石は、白亜系最上部を浸食して流れ込んだ暁新統《ぎょうしんとう》の河川堆積物から発見された。すなわち、恐竜が絶滅した後である。それ以降、白亜紀に霊長類がいたことを示す化石証拠は得られていない。はたしてサルと恐竜とは同時期に存在していたのだろうか。霊長類の起源が恐竜のいた時代にまでさかのぼることは、分子系統学からは強く示唆されている。いずれ近いうちにはっきりとした答えが出るだろう。

霊長類（霊長目）は現生有胎盤類《ゆうたいばん》を構成する18の目《もく》の一つであり、その名前は「万物の霊長」に由来する。私たち自身を含む分類群は他の「万物」の上に立つ存在というわけだ。英語で霊長類に相当する単語は**primates**だが、これはラテン語で「第一の者」を意味する。ちなみにイングランドでは、英国国教会の大司教もまた**primate**とよばれる。かの地では『**primate**の性行動』と題した教科書を出版することは長い間許されなかった。他の哺乳類と比べると、次のような点が霊長類の特徴として挙げられる。樹上生活に適した形質——よく動く肩関節、物をつかむことのできる手足、敏感な掌《てのひら》——、哺乳類の平均よりも大きな脳、それに立体視できる優れた目。親が長期にわたって子供の面倒を見ることも、霊長類の特徴の一つである。多くの種が一度に一子しか産まず、妊娠や育児の期間も長い。必然的に性成熟に達するまでに長い期間を要し、寿命も長い。

プルガトリウスはプレシアダピス類というグループに分類される。プレシアダピス類はリスのような大きさで樹上生活をしていたと考えられている。長い尾と物をつかむことのできる手をもち、葉や果実を食べていた。

プレシアダピス類は白亜紀末の絶滅からおよそ1000万年にわたって、現在見慣れた姿とはまったく異なる奇妙な哺乳類たちに混ざって生活していた。第7章で述べたように、哺乳類は白亜紀末の事件よりずっと前の三畳紀新世に出現し、ジュラ紀から白亜紀にかけて著しく多様化した。だが、そうした中生代の哺乳類の多くは中生代のうちに、あるいは新生代に入って、じきに消え去っていった。現生哺乳類の三つの大きな分類群である単孔類《たんこう》、有袋類《ゆうたい》、有胎盤類もまた、ジュラ紀から白亜紀にかけて登場した。

単孔類は現在ではわずかにカモノハシ1種とハリモグラ2種の計2属3種がオーストラリアとニューギニアに生息しているのみである。これらの哺乳類は殻付きの卵を産む。おそらくはキノドン類などの祖先グループもそうだったのだろう。孵化したばかりの幼体は小さく無力で、十分に成長するまで母乳を飲んで育つ。

有袋類はオーストラリアに分布するカンガルーやコアラやウォンバット、そして南北アメリカ大陸に生息するオポッサムの仲間などによって代表される。有袋類は単孔類と有胎盤類の中間的な繁殖様式を示す。卵ではなく子供を直接産むが、生まれたばかりの子供はまだ発生の途中段階で非常に小さく、母親の育児嚢《のう》の中である程度大きくなるまで育てられる。

有胎盤類は三つの分類群の中で最も適応放散（ある分類群の中で、それぞれの生物がさまざまな異なる生息環境に順応し、さまざまな種に分化していくこと）に成功した。有胎盤類の妊娠期間は有袋類よりもずっと長く、胎盤を介して胎児に栄養が供給される。有胎盤類の体の大きさは著しく多様であり、重さ数グラムしかない小さなトガリネズミやコウモリから5トンもあるアフリカゾウ、そしてそのゾウよりもさらに巨大なシロナガスクジラまで存在する。生態的、地理的にもまた多様性に富んでおり、砂漠に生息する齧歯《げっし》類や北極海周辺のホッキョクグマ、空を飛ぶコウモリから海を泳ぐクジラまでさまざまである。

有胎盤類の系統分類——形態と分子

有胎盤類内部の系統関係を解明しようと、哺乳類学者は一世紀以上にわたって奮闘してきた。ウシとウマとは近縁なのだろうか？　コウモリとサルとは？　それに、クジラとアザラシの関係は？　ウサギはネズミに近いことや、ゾウは海に住むジュゴンやアフリカに住む奇妙な哺乳類、イワダヌキに近いことなどが、比較形態学的な研究から明らかにされた。だが他の多くの系統関係については論駁《ばく》に論駁が繰り返され、長期にわたって議論に決着がつかなかった。皮肉なことに、古生物学者が化石を見つければ見つけるほど、それまでの結果が曖昧となり決着が遠のいていった。

分子系統学的な手法がこの難問に鋭く切り込んだ。この分野における分子系統学の躍進は1

997年に始まる。当時カリフォルニア大学リバーサイド校にいたマーク・シュプリンガーは同僚らと、アフリカ獣類という「単系統」群が存在することを報告した。ゾウ、イワダヌキ、ジュゴンに加えて、アフリカに生息するツチブタ、テンレック、キンモグラは、共通の祖先に由来する単系統群を構成している。ツチブタやテンレック、キンモグラは、形態学的な見方では分類位置の定まらない動物であったが、彼らはゾウ・イワダヌキ・ジュゴンからなるグループの一員であることを、DNAは明瞭に示していた。

1997年以来、パズルのピースが次々にはまっていった。アフリカ獣類に次いで、これまで貧歯《ひんし》類とされたナマケモノやアルマジロなどの南米に生息するグループも独立した単系統群を構成することが明らかにされ、異節《いせつ》類と名付けられた(15)。残りの有胎盤類の目はすべて「北方真獣《しんじゅう》類」という大きな単系統群に含まれる。北方真獣類はさらに、ローラシア獣類と真主齧《しんしゅげつ》類という二つの単系統群に分けられることが解明された。ローラシア獣類にはモグラやコウモリ、ウシ、クジラ、ウマ、イヌなどが含まれる。一方の真主齧類にはネズミやウサギ、それに加えて霊長類が含まれる。分子系統学の複数の研究グループによって、有胎盤類の大まかな系統関係はわずか数年のうちに解き明かされた。

なぜこの問題は比較形態学者にとって難問だったのだろうか。分類群内部での種分岐が急速に起こったため、その分類群全体を特徴付ける形質(共有派生形質)が獲得されるには十分な進化的時間がなかったからではないか、と考えられている。だが分子によって系統関係が推定された後も、形態学者はそのような形質を見つけようと努力した。たとえばもしアフリカ獣類が本当に単系統群ならば、その内部でのみ共有されている派生形質が存在するはずである。物をつかむことのできる鼻の存在（ゾウやテンレックがそうである）や、精巣が腹腔内部に留まる形質などが指摘された。しかしこれらはいずれも、アフリカ獣類すべてに共通している形質ではない。２００７年になってようやく、アフリカ獣類の共有派生形質と思われる特徴が報告された。すべてのアフリカ獣類は、胸腰椎の数が他の哺乳類よりも多いのである。

　こうして得られた有胎盤類の系統樹に関して、各枝の分岐年代もまた議論となった。１９９５年前後に分子時計によって最初に年代の推定が試みられた頃には、有胎盤類内部の最初のおもな分岐はおよそ1億２０００万～1億年前と見積もられた。これは白亜紀古世にあたる。この時代からも、たとえばエオマイア *Eomaia* のような祖先的な有胎盤類の化石が発見されてはいる。しかしこれらの化石は、有胎盤類内部のいかなる現存の分類群（目《もく》、上目《じょうもく》）にも属さない。有胎盤類の現存の目《もく》に分類できる化石は、白亜紀末の大絶滅より後の地層からしか見つかっていないのである。分子系統学者による分岐年代推定は、古生物学者に対する挑戦状であった。

　分子時計による推定は実際よりも古い時代を算出する傾向にある。たとえば、多細胞動物の放散がカンブリア紀よりずっと古い時代に推定された（95～96ページ参照）のもそのためである。私自身を含めて、多くの古生物学者はこう反論した。その後分子時計による有胎盤類内部の分岐年代は見直され、今からおよそ1億～9000万年前と推定されるようになったが、それでも古すぎる。しかし、ウズベキスタンのおよそ9000万年前の地層から発見されたザラムダレステス類やゼーレステス類という化石哺乳類が、北方真獣類に分類されるという研究結果が報告された。これで分子時計と化石記録との間にある溝が埋まったかのように思えた。

しかしこの合意は長くは続かなかった。カーネギー博物館のジョン・ワイブルは同僚らと、ザラムダレステス類やゼーレステス類、それに他の白亜紀の有胎盤類の化石記録を詳細に再検討した。そして2007年に、それらの化石哺乳類が北方真獣類を含めて有胎盤類内部のいかなる現存のグループにも属さないことを報告した。分子時計と化石記録との間に、ふたたび食い違いが生じたのだ。アフリカ獣類、異節《いせつ》類、北方真獣類、それにその下位分類群である目《もく》の多くは白亜紀新世にはすでに登場していたことを、分子時計は示している。しかし実際には、それら現存の分類群に属する化石が見つかるのは暁新世《ぎょうしんせい》や始新世《ししんせい》に入ってからである。分子と化石との間には2500万～3000万年もの隔たりが存在する。

化石が十分に見つかっていないだけである――このように批判して分子系統学の肩をもつことはたやすい。確かにそもそも白亜紀の哺乳類化石の発見例は多くない。だがそれでも、数十種もの哺乳類の化石が世界各地の白亜紀新世の地層から発見されている。そしてそれらの化石種を現存のいずれかのグループに分類しようと、これまでに膨大な研究努力が続けられてきた。しかし、そのように分類される化石は未だに得られていないことを、ワイブルらははっきりと証明した。もしその時代にすでに現存の分類群が登場していたならば、それらを特徴付ける派生形質をもった化石が、どうして見つからないのだろうか。議論は現在も続いている。

真主齧類《しんしゅげつ》

先に述べたように、分子系統学は霊長類がネズミやウサギに近縁であることを解き明かした。霊長類とツパイ類（ツパイ目）、そしてヒヨケザル類（皮翼目《ひよく》）は、真主獣《しんしゅじゅう》類という単系統群を構成する。ツパイ目は19種前後からなる小さな分類群で、これらはおもに東南アジアで樹上生活をしている。皮翼目にいたっては現生種はわずか2種のみが分類され、どちらの種も前肢と後肢の間に膜状の皮膚をもち、これを広げて樹から樹へと滑空することができる。これら真主獣類の3目《もく》はいずれも頭蓋骨の耳付近に特徴的な形質をもち、さらに常時体外にぶらさがった陰茎をもつという特徴を共有している。

ネズミとウサギとが近縁であることも比較的古くから形態学者によって指摘されており、ネズミ類（齧歯《げっし》目）とウサギ類（兎形《とけい》目）とを合わせてグリレス類とよぶ。齧歯目は有胎盤類最大の目で２０００以上の種によって構成されるが、これは哺乳類の現生種数のおよそ4割に相当する。齧歯類は適応能力に優れており、特にハツカネズミやドブネズミはヒトのつくり出した環境に見事なまでに順応している。リスやビーバーやヤマアラシ、それに南米に生息するテンジクネズミの仲間も齧歯類に含まれる。ウサギの仲間と齧歯類とは、どちらも伸び続ける門歯をもつという特徴を共有する。この特徴によってグリレス類は成功を収めてきた。

これら真主獣類とグリレス類とがそれぞれ単系統群であることが、分子系統学によって確かめられた。さらに、これらの二つのグループが近縁であり、まとめて一つの単系統群となることも同様に確かめられた。真主獣類とグリレス類とを合わせた単系統群は真主齧類と名付けられた。真主齧類は北半球の大陸に由来する有胎盤類の基本分類群の一つ、北方真獣類から派生した。したがって、真主齧類の起源もまた北半球に求めるべきであろう。事実、霊長類や齧歯類に属する現時点で最古の化石は、北米やヨーロッパから発見されている。

原《げん》猿《えん》

現生の霊長類は、しばしば便宜的に原猿、猿および類人猿に分類される。この分類法は実に便利である。ただし、「原猿類」は猿でも類人猿でもない霊長類（キツネザルやロリス、メガネザルなど）の雑多な寄せ集めになってしまっているのだが。

キツネザルの仲間にはキツネザル類やインドリ類、アイアイなど50以上の種が含まれ、すべてマダガスカル島にのみ生息している。キツネザル類は毛のふさふさとした長い尾をもち、昆虫や小型脊椎動物、それに果実などを食べる。インドリ類にはアバヒやインドリ、シファカなどが含まれる。アバヒは夜行性で樹上生活をする一方、インドリやシファカは昼行性でおもに地上で集団で生活し、ごく稀に地上を二足で飛び跳ねて移動することもある。アイアイはネコくらいの大きさの夜行性の動物で、樹皮の中に潜む昆虫を長く伸びた指で探して食べる。

ロリス類はキツネザルの仲間に近縁であり、アフリカや南アジアに生息する32種のロリスやガラゴ（ブッシュベイビー）が含まれている。キツネザルの仲間は、現生種だけでなく化石もまた長らくマダガスカル島からしか見つかっていなかったが、最近になって、ごく初期の祖先と思われる化石がパキスタンで発見された。ロリス類の最古の化石はエジプトの始新世の地層から発見されている。

メガネザルの仲間は、いくつかの種がフィリピンからインドネシアにかけて分布する。小さな体に大きなぎょろりとした目をもち、樹上をこそこそと動き回って昆虫やヘビ、鳥などを捕食している。メガネザル類の祖先、それに加えて今では絶滅したオモミス類やアダピス類は始新世の北米やヨーロッパに（やや時代が下ってからはアフリカとアジアにも）分布していた。彼らが生きていた時代、他の哺乳類はどうしていたのだろうか。

小さなウマと巨大なサイ

新生代の最初の1000万年は、哺乳類、特に有胎盤類の進化の実験場とでもいうべき状況であった。現在の有胎盤類を構成する18の目がほぼ出そろっただけでなく、今までに絶滅してしまった分類群も数多く登場した。そして、今から5600万〜3400万年前の始新世に、哺乳類のグループの取捨選択が始まった。

ヒラコテリウム *Hyracotherium* に代表される始新世のウマはとても小さく、テリア犬ほどの大きさもなかった。ヒラコテリウムは森林地帯で生活し、ヨーロッパや北米に当時存在した熱帯林の中をせわしなく動き回って、若葉などを食べていた。同じく草食動物であったウシの祖先や、ライオンやクマなど食肉類の祖先もまた当時の森の小さな住人であった。

今から3400万〜2300万年前の漸新世《ぜんしんせい》に入ると、動物の分布域に変化が現れる。中生代が終わって以来、気候が徐々に寒冷化していき、このために大陸中央部が乾燥し始めた。この乾燥化によって森林が減少し、その代わりに草原地帯が拡大していった。白亜紀に登場した草本類が、漸新世に入ってついに植生の主流となったのである。身を隠すことのできる森林が減少したため、森林地帯に生息していた哺乳類の多くもまた消えていった。しかし中には、新たに出現したサバンナへと進出し、その環境に適応していったものも存在した。

ウシやウマの祖先たちは、草原に適応することで体が大きくなっていった。彼らはかつて、それぞれの肢に4本ないし5本の指をもっていたが、やがて3本になり、そしてウシの祖先では2本に、ウマでは1本にまで減った。指の数を減らすことで、肢が長くなり、速く走ることができるようになった。ひらけた草原では、樹々に紛れて身を隠すことはできない。それよりも、遠くまで見通せる背の高さや足の速さこそが敵から身を守る上で有用である。彼らの体つきが変わると同時に、歯もまた変化した。木の葉は比較的柔らかいが、草は少量の二酸化珪素（シリカ）を含むため堅い。ウマやウシは、草を食むのに適した、複雑な対合面をもった伸び続ける歯を進化させた。

漸新世に草食動物の大型化が進んだ。アフリカ獣類の中では、アフリカのゾウがブタ程度の大きさから現在のサイズにまで巨大化した。巨大化とともに鼻が長く伸びることで、鼻先は常に地面に届いていた。ウマと同じ奇蹄《きてい》類のサイはこの時代に著しく多様化し、さまざまな大きさのものが現れた。最も大きなインドリコテリウム *Indricotherium* は体高が5メートルもあり、スイギュウとキリンとをかけあわせたような外観をしていた。

草食動物が大きく、そして足が速くなるのに合わせて、捕食者もまたそれに適応しなければならなかった。クマの仲間は森の中に留まって森にいる動物を引き続き捕食したが、彼らの食性は多様化して果実やハチミツ、魚なども食べるようになった。イヌの仲間はそれほど大きくはならなかったが、その代わりに社会性と知能を発達させ、集団で狩りをすることで自分よりはるかに大きな獲物を仕留めることができるようになった。ネコ科のライオンやトラなどは大型化した。彼らは獲物にこっそりと忍び寄り、距離を十分に詰めてから一気に襲いかかる。

他の哺乳類のグループもそれぞれ自分たちの道を進み始めた。コウモリやクジラは空や海に新天地を求めた。コウモリは夜に活動することで、同じく空を飛ぶ鳥類との競合を避けることができた。クジラも陸上哺乳類から派生したが、中生代の首長竜やモササウルスが絶滅したために空席となっていた海のニッチ（生息域）を引き継ぐことに成功した。南米やオーストラリアの哺乳類は、旧世界（ヨーロッパ、アジア、アフリカ）から独立して独自の進化を遂げた。オーストラリアでは有袋類が台頭し、カンガルーやウォンバットが出現した。南米ではウマやウシ、それにサイに似た独特な動物が現れた[16]。

アフリカは新生代のほとんどの期間にわたって周囲を海に囲まれていたが、アラビア半島との間に陸橋が形成されることもあった。この陸橋を伝って、ゾウや霊長類の祖先はアフリカとアジアとの間を行き来することができた。サバンナの拡大と森林の減少によって、猿と類人猿が誕生した。

猿

始新世が終わるとオモミス類やアダピス類は絶滅し、「原猿」の仲間はマダガスカルや東南アジアで半ば隠棲するようにして生き延びた。代わって新たなグループである猿類《さる》（真猿亜目《しんえん》）が出現し、台頭してきた。猿類はその祖先と比べて、丸い鼻孔や大きな犬歯・小臼歯・臼歯をもち、奥歯は植物をすりつぶしやすいようになっている。

猿類の起源に関しては議論の余地が大きい。従来、猿類はアフリカ起源だと考えられてきたが、アジア起源ではないかという仮説も提案されている。現在知られている最古の猿類はアルジェリアの始新世中期の地層から発見されたアルジェリピテクス *Algeripithecus* で、奥歯のみが知られている[17]。エジプトの始新世後期の地層からは、猿類に属する何種かの化石がよりよい保存状態で見つかっており、その中には現生猿類と同様に、オスがメスの倍もの大きさの性的二型（オス・メス間における身体的特徴の差異）を示すものもある。このような性的二型の存在から、当時すでに確固たるサル社会が存在しており、メスをめぐってオス同士で争ったことがうかがえる。アルジェリアやエジプトといったアフリカ各地だけでなく、アジアの中国やタイからも始新世のサルの化石は発見されている。それらの化石の中にはアダピス類、つまり猿類ではない一群に分類されるものもあるが、それだけでなく猿類（真猿類）に分類されるものもある。猿類の起源はアフリカか、それともアジアなのか。どちらからより古い時代の化石が産するのか、さらなる研究が必要だろう。

現在の猿類は、アジアからアフリカにかけて分布する狭鼻猿類《きょうびえん》（旧世界ザル）と、中南米に分布する広鼻猿類《こうびえん》（新世界ザル）とに分けることができる。この二つの系統は始新世か漸新世の頃に分岐しており、このとき広鼻猿類の祖先はアフリカから南米まで丸太などに乗って漂流したと考えられている。両者は、分類名が示すように鼻に特徴がある。狭鼻猿類は鼻の穴の間隔が狭くて穴が下を向いている一方、広鼻猿類は鼻の穴の間隔が広く、穴は前方を向いている。広鼻猿類はまた物をつかむことのできる尾をもっている。しっぽを枝に絡めてぶらさがっているサルがいたならば、そのサルは南米からやって来たものである。

新世界ザルにはオマキザルやタマリン、マーモセット、ホエザル、クモザルなどが含まれる。旧世界ザルはさらに多様で、小さな樹上生活者であるコロブスから、大きくて地上で生活するヒヒやマンドリルまでさまざまな種が含まれる。ヒヒやマンドリルのような地上生活者は大きな群れをつくり、顕著な性的二型を示し、尾は非常に退化している。これら旧世界ザルの仲間から類人猿が分岐した。

類人猿

類人猿は漸新世の末までに旧世界ザルから分岐し、今から2300万〜530万年前の中新世にアフリカで多様化した。中新世のアフリカは「類人猿の大陸」と称することができ、代表的な類人猿にプロコンスル *Proconsul* が挙げられる。プロコンスルはケニアで発見された歯とアゴに基づいて1933年に記載された。プロコンスルという名前は、当時ロンドン動物園の人気者だったコンスルという名前のチンパンジーに由来する。1930年代から現在に至るまでに、数多くのプロコンスルの骨格標本が発見されている。これらの標本から、最初期の類人猿は猿類に似た体格をもち、枝から枝へと飛びまわって、おもに果実類を食べていたと推測されている。

プロコンスル類は比較的大きな脳や幅広で特徴的な形の臼歯をもち、尾をもたない。これらの特徴は現在の類人猿やヒトと共通しており、彼らは明らかにサルではなく、類人猿であった。類人猿はアフリカで誕生したが、2500万〜1000万年前にかけて、いくつかのグループがアフリカから外へと出て行った。あるグループは中東を経てヨーロッパへ、また別のグループは中新世後期にハンガリーからスペインにまで移住した。東へと進み、インド亜大陸から東南アジアへと移った仲間もいた。

アジア方面に移住したグループには、現在のテナガザルやオランウータンの祖先が含まれていた。テナガザルの祖先は2500万年前に、オランウータンの祖先は2000万年前に、それぞれアフリカの仲間から分かれてアジアへと移住した。テナガザル類は化石記録に乏しい。

だが彼らは進化の過程で著しく前肢が発達し、この前肢で樹から樹へと巧みな枝わたり行動をする。オランウータンもまた東南アジアで進化し、樹上生活に特化した。オランウータンの進化に関する化石は多く発見されており、それらの化石はまとめてラマモルフとよばれている。最古のラマモルフはアフリカから産出するが、その後の時代の、たとえばラマピテクス[18] ***Ramapithecus*** やシバピテクス ***Sivapithecus*** などはトルコやパキスタン、インド、それに中国からも発見されている。シバピテクスあたりになると現在のオランウータンによく似ており、頑丈なアゴや厚いエナメル質に覆われた幅広の奥歯などから、ほぼ完全な植物食者であったことがうかがえる。ラマモルフの中で特筆すべきはギガントピテクス ***Gigantopithecus*** であろう。ギガントピテクスはシバピテクスの10倍も大きく、大人のオスは体長２・５メートル、体重２７０キログラムにも達した。この大きな動物は今から５００万〜１００万年前の東南アジアの森をすみかとしていた。中央アジアのイエティや北米のビッグフットなどはギガントピテクスがモデルだと考えられている。

ゴリラやチンパンジーはアフリカで進化を続けた。どちらもナックルウォーク（前足の指を丸めて、指の背面を地に着けて歩く方法）という独特の方法で地面を歩くことができるが、おもに深い森の中で生活し、樹上をゆっくりと移動して果実や葉を食べる。ゴリラやチンパンジーのほうがアジアの類人猿よりもヒトに近いことは形態学的な研究からすでに解明されていたが、ゴリラ・チンパンジー・ヒト三者の系統関係は長らく不明であった。ＤＮＡがこの問題解決の糸口となった。ヒトのゲノム（全遺伝情報）は、やはりアフリカ類人猿のゲノムと相同性が高かったが、その中でも特にチンパンジーとの相同性が高かった。ヒトとチンパンジーの共通祖先がゴリラの祖先と分かれたのが１０００万年前、その後ヒトとチンパンジーの祖先が分かれたのが８００万〜６００万年前。分子時計や化石証拠などを総合して導き出された、現時点で最も確からしい推定値である。

「人類」とは何か

かつて古人類学者たちは、その当時の先入観をもとに、人類は大きな脳をもつことで類人猿と区別されると考えた。大きな脳こそがヒトをヒトたらしめたというわけだ。確かにゴリラの脳容量は５００ cc、チンパンジーは３５０ cc程度しかないのに対して、現生人類の脳容量は１２００〜１４００ ccもある。

脳容量は動物の知能におおまかに比例する。ただし、体が大きくなると脳もそれに応じて大きくなる傾向にあるため、体の大きさとの比率は考慮されなければならない。シロナガスクジラの脳容量は９０００ ccもあるが、クジラがヒトの8倍も賢いと考える人はあまりいないだろう。体の容積に対する脳容積の比率として、「脳化指数」(encephalization quotient、EQ)という指標がよく使われる。クジラの脳化指数は1・8であり、これはウマ(0・9)やウシ(0・5)より高い。やはり類人猿の脳化指数は高く、ゴリラで1・6、チンパンジーは2・3、ヒトだと7・5にもなる。

二足歩行もまた人類の特徴として挙げられる。トカゲやサル、類人猿の中にも、短い距離であれば後肢だけで移動することができるものは存在する。だが哺乳類は基本的に四足歩行であり、特に霊長類の中では人類だけが完全な二足歩行を確立した。直立して歩行するために、ヒトの骨格構造は他の類人猿とは大きく異なっている。足裏は平たくなって物をつかむ能力は失われた。足首やひざの関節は単純な構造となり、大腿骨と骨盤の接合部の変化によって足が直下に伸びるようになった。骨盤は受け皿のような形になって内臓を支え、背骨はS字型に伸びて重力に対し体を支える。一方でゴリラやチンパンジーのような四足歩行をする動物は、長い骨盤と頑丈な肋骨によって内臓を支えている。

ヒトに固有なその他諸々の特徴は、これら二つの特質から派生した。大きな脳によって言語を操り、複雑な社会を築き、子供の教育を行い、新たな環境に挑戦し、新たな技術を生み出す。二足歩行の獲得によって手が空いたために、食べ物を集め、道具や土器をつくり、ものを書くことができるようになった。

まず脳が大きくなり、それから二足歩行を獲得した――長い間このように考えられてきた。19世紀にはドイツからネアンデルタール人が、ジャワ島からジャワ原人（ホモ・エレクトゥス *Homo erectus*）が発見されたが、それらの化石人類がどの程度古いものなのか当時の古人類学者には見当がつかず、したがってこの考えが訂正されることはなかった。

そのうえ「脳が先」仮説を強く支持する化石が、イングランド南部のピルトダウン村から１９１２年に発掘された。非常に大きな脳をもったごく初期の人類が発見されたのだった。１９２０年代に入ると、人類進化を解き明かす上で重要な化石が次々とアフリカから発見された。だが、ピルトダウン人が捏造であること[19]が判明した１９５０年代までは、それら新たに発見された化石の重要性が顧みられることはなかった。

アフリカから出土した初期人類の骨から、従来考えられていたものとは逆の物語が浮かび上がってきた。今から６００万～４００万年前に二足歩行が獲得された一方で、脳容量が肥大化したのは今からわずか２００万～１００万年前のことであった。おそらく初期の人類は、今から１０００万～５００万年前にアフリカ中部で森林の減少と草原の拡大が進行したことに伴い、草原に進出する代償として二足歩行を強いられるようになったのだろう。現在でもチンパンジーやゴリラの分布がコンゴ盆地など一部の森林地帯に限られるのに対して、初期人類の化石は南アフリカからケニア、タンザニア、エチオピア、それにサハラ砂漠にあるチャドまで、アフリカ東部の広範囲に弧を描くように分布している。

最古の人類（さらに古い化石人類を求めて）

西暦2000年に至るまで、人類の化石は古くてもせいぜい今から400万～200万年前のものしか知られていなかった。しかし2001年と2002年に、フランスから派遣された二つの研究チームがそれぞれ、今からおよそ600万年前の人類と思われる化石を発見した。どちらの発見も議論をよび、ついには罵詈雑言まで加わって、これらの尊重すべき発見に泥を塗ってしまった。

パリから派遣されたブリジット・スニュらのチームは、ケニアで古人骨のアゴの破片や歯、それに手足の骨を発見し、新種の化石人類オロリン・ツゲネンシス *Orrorin tugenensis*（以下オロリンとよぶ）として記載した。オロリンの歯はヒトよりもむしろ類人猿に近く、腕の骨は類人猿のような枝わたり行動ができたことを示唆していた。その一方で、オロリンの大腿骨は直立姿勢が可能であったことを示しており、したがってオロリンはヒトの仲間ということができる。

次いで、ポワティエ大学のミシェル・ブルネらのチームが2002年に、下顎と歯の一部が失われているものの、ほぼ完全な状態の化石人類の頭蓋骨をチャドで発見し、サヘラントロプ

ス *Sahelanthropus* と名付けた。サヘラントロプスの脳容量は320〜380 ccでチンパンジーなみであったが、小さな犬歯をもつなど歯の形状はヒトに近い。サヘラントロプスの大後頭孔（脳と脊髄とを結ぶ孔）の位置が議論となった。大後頭孔が頭蓋骨の直下に位置しており、これはサヘラントロプスが直立姿勢をとっていたことを意味する、とブルネは主張している。

アウストラロピテクス

研究が進んでいる最古の化石人類、アウストラロピテクス・アファレンシス[20] *Australopithecus afarensis*（アファール猿人）は今から320万年ほど前に生存しており、二足歩行をしていたが脳容量は類人猿程度しかなかった。アファール猿人の化石の中で最も有名なものは、1970年代にドナルド・ヨハンソンによってエチオピアで発見された女性の化石、通称ルーシーであろう。ルーシーの骨盤は短く水平であり、垂直に伸びた類人猿の骨盤とは明らかに異なっていた。大腿骨はひざに向かって内向きに伸び、足の指からは物をつかむ機能が失われていた。しかしルーシーの脳は小さく、身長1〜1・2メートルに対して脳容量はわずか415 ccであった。脳化指数は現在のチンパンジーと大差ない。

その後もアウストラトピテクス属は今から300万〜140万年前にかけてアフリカで進化を続け、アウストラロピテクス・アフリカヌス *Australopithecus africanus* など多くの小型の種が誕生した。アフリカヌスの最初の化石は、レイモンド・ダートによって1924年に発見された。アフリカヌスをはじめとする、この時期のアウストラロピテクス属の種は、アファール猿人よりも平坦な顔をもち、犬歯が小さい。しかし、彼らは現生人類の直系の祖先ではない可能性が指摘されている。たとえば、アフリカヌスの奥歯はアファール猿人や現生人類よりも大きく、植物食により適した形をしており、エナメル層で厚く覆われている。

パラントロプス属 *Paranthoropus* とよばれる、アウストラロピテクス属に近縁な、だがより頑丈な体格をもった化石人類もこの年代から発見されている。パラントロプスは身長1・75メートルにまで達することもあったが、脳容量が550ccを超えることはなく、脳化指数は依然として類人猿程度であった。パラロントロプスは広い顔面に大きな臼歯をもち、頭蓋骨の矢状隆起がよく発達している。こうした特徴はオスのゴリラにも見られ、堅い植物を食べるのに適した形質である。パラントロプスのアゴは、同じく植物食傾向を示すアウストラロピテクス・アフリカヌスなどよりもはるかに頑丈であり、発達した矢状隆起は強い側頭筋の存在を示している。おそらくパラントロプスがおもに堅い植物根や球根などを食べる一方で、アウストラロピテクス・アフリカヌスは比較的柔らかい果実や葉などを食べていたのだろう。

最初のホモ属 *Homo*（ヒト属）もまた、この頃アフリカに登場した。つまり、この当時はさまざまな人類がアフリカの大地で隣り合って暮らしていたことになる。その一方で現在の人類はすべてホモ・サピエンス *Homo sapiens* 1種に分類される。これは別に政治的な理由ではない。生物学的な観点から、現生人類はすべて同一種であることが示されている。ところでそもそも種とは何であろうか。すべての生物学者が納得する種の概念は、実はまだ存在しない。しかし最も広く使われる種概念として、いわゆる「生物学的種概念」――種とは交配可能な個体の集合で、交配によって繁殖能力をもった子が生まれること――が挙げられる。たとえばイヌは、チワワからグレートデーンまで見た目はさまざまであるが、この種概念ではただの1種しか存在しないことが理解される。同様に、すべての現生人類は人種や民族の垣根を越えてたがいに交配できるし、その結果健康な子供を産むことができる。

ホモ属

脳容量の肥大化は、新たな人類、ホモ属の登場を待たねばならなかった。最初に登場したホモ属であるホモ・ハビリス *Homo habilis* は今から240万~150万年前のアフリカに暮らしており、身長は1・3メートル程度で脳容量は630~700ccと大きい。ホモ・ハビリスは道具を使用していたと考えられている。ホモ・ハビリスの最初の化石は、著名な人類学者であるルイス・リーキーによって発見された。ルイスの妻、メアリー・リーキーもまた数多くの化石をアフリカで見つけたが、その中でもとりわけ衆人の耳目を集めたのは火山灰に残された足跡の化石であった。リーキー夫妻の息子、リチャード・リーキーは、トゥルカナ湖（当時の名前はルドルフ湖）の湖畔でホモ・ハビリスによく似た非常に保存状態のよい頭蓋骨の化石、ホモ・ルドルフエンシス *Homo rudolfensis* を発見した。

人類の進化はこれまでずっとアフリカ大陸の内部で進行した。しかしいよいよ、アフリカの大地を飛び出す人類が出現する。ホモ・エレクトゥス *Homo erectus* である。ホモ・エレクトゥスの最古の化石はアフリカの１９０万年前の岩石から見つかっている。しかしグルジアや中国からも、ほぼ同時代の化石が発見された。ホモ・エレクトゥスの脳容量は８３０～１１００ccで、身長は１・６メートル程度であった。

中国の北京郊外にある周口店《チョウコウティエン》洞窟は、ホモ・エレクトゥスの化石が最も豊富に発見された場所の一つである。40体以上の化石が発見され、それらは「北京原人」と名付けられた。北京原人は、洞窟内の今から60万～20万年前の堆積層から、火の使用跡やしっかりとした住居跡とともに発見された。住居の構造から、部族ごとにまとまって生活していたと推定される。世界各地のホモ・エレクトゥスの発見地から、彼らが精巧な道具や武器をつくり、協調的な狩りを行っていたことが示唆されている。アフリカのホモ・エレクトゥスはおそらく、アシュール石器という複数の切削面で刃先をつけた精巧なナイフをつくることができた。

現生人類ホモ・サピエンスは、最も古く見積もって40万年前、おそらくは15万年ほど前に、アフリカでホモ・エレクトゥスから分岐した。すべての現生人類はアフリカで生まれた祖先に由来すると考えられている。アジアやヨーロッパに分散したホモ・エレクトゥスは子孫を残すことなく消えていったのだろう。今から9万年ほど前に、ホモ・サピエンスは中東からヨーロッパへと分布を広げていった。

今から9万～3万年前の間、ヨーロッパの大部分、すなわち東はロシアから西はスペインまでの、南はトルコから北はイングランド南部までの地域は、ネアンデルタール人によって占められていた。ネアンデルタール人は平均1400ccの大きな脳をもち、頑丈な眉弓《びきゅう》にずんぐりとした力強い体格をしていた。かつて、ネアンデルタール人は氷期の気候に適応したホモ・サピエンスの一亜種とされ、集団で狩りをしたり、動物の毛皮で衣服を縫ったり、宗教心の芽生えが見られたり、と進んだ文化をもっていたと考えられていた。しかし現在では、ネアンデルタール人はホモ・サピエンスから独立した別種、ホモ・ネアンデルターレンシス *Homo neanderthalensis* だと考える人類学者が多い。

氷河が北に後退し、現生人類が次々に中東からヨーロッパへと押し寄せるようになったことに伴い、ネアンデルタール人は歴史から消えていった。このとき現生人類が進出したのはヨーロッパだけではない。ホモ・サピエンスは世界中あらゆる場所へと分布を広げていった。4万年前にはアジアを経由してオーストラリアまでたどり着いた。シベリアとアラスカを経由して、1万1500年前頃にはアメリカにもたどり着いたようである。これら現生人類は平均して1360ccの脳をもち、ネアンデルタール人よりも洗練された道具をつくり、洞窟の壁に絵や彫刻を施し、信仰をもった。今から1万年前には、ひと所に定住して農耕生活を営む集団も出現した。

そして現在

「生命の歴史」はまだ終わっていない。私たちはこれまで、生命の進化の物語を時間を追って眺めてきた。しかし、もしプレシアダピスや恐竜が同じ題名の本を書いたならば、その内容は違ったものになっていただろう。物語には英雄が必要である――冒険へと旅立ち、幾多の困難を乗り越え、最後には目的を達するヒーローが。生命の歴史に関する多くの本もまた、大なり小なりそうした物語の域を超えていない。ホモ・サピエンスという英雄が原始的な生命から出発し、競合相手を蹴散らして、ついには地球を征服する。

人類の進化はしだいに速度を上げてきた。進化上のおもな出来事を時間軸に沿って並べてみよう。二足歩行の獲得が1000万～500万年前。脳容量の肥大化が300万～200万年前。石器の使用が250万年前。分布域の拡大が200万～150万年前。火の使用が150

万年前。美術の発明が3万5000年前。農耕が始まり人口が増加に転じたのが1万年前。その当時の人口増加率は1年あたり0・1パーセントであった。18世紀にはまだ年0・3パーセント。現在では一年に2パーセントもの割合で人口が急増している。今では、ある人が亡くなるときの世界の人口は、その人が生まれたときの人口の2倍になっている。あれこれと述べたが、要するにホモ・サピエンスは進化的に大成功したのだ。

しかし、生命の歴史は陳腐な英雄の物語ではない。その理由を三つ挙げよう。

まず一つ目。進化とは英雄の物語のように目的を伴ったものではないことである。生命の進化を旅にたとえることは間違っている。旅とは旅程を組み立て、目的地が存在するものだ。だが進化はそうではない。進化は常に瞬時的にはたらき、その刹那《せつな》刹那に成功者と落伍者とが決定される。前回の成功者が次は落伍者にまわることも珍しくはない。降水量の増加やある種の植物の消滅、新たなウイルスのまん延などといった変化がすべてを変えてしまうのだ。自然選択によって選ばれた勝者は相対的なものであり、絶対的なものではない。

進化は常にはたらいており、決して停止することがない点が二つ目に挙げられる。物語のようなフィナーレは存在しないのだ。これまでと同様、進化は今現在も続いている。今この瞬間にも、さまざまな種が現れ、そして絶滅している。ヒトは地球環境や他の生物に対してかつてないほどの影響を及ぼしているが、だからといってホモ・サピエンスが消え去ると他のすべても塵芥《じんかい》に帰すわけではない。むしろ真逆のことが起きるだろう。

そして三つ目。そもそも誰が「英雄」なのだろうか。たとえばゴキブリからすれば、「ゴキブリこそが進化の頂点を極めた」というに違いない。私たちヒトは地球のすみずみにまで分布し、至るところに広大な農場を切り開いた。このため、私たちは私たち自身を地球史上最大の成功者だと思いがちである。だがおそらく、この地球に住むゴキブリの数はヒトの数よりも多い。細菌類や他の微生物などはもっと多いだろう。もちろん私たちは、うまく言葉を選ぶことでヒトこそが地球史上最大の成功者だと主張することができる。しかしそれはゴキブリにとっても同じである。知性をもったゴキブリは、「生命の歴史」という題名でまったく違った内容の本を書き上げることだろう。

(訳注15) かつて貧歯目に分類されたアリクイ、ナマケモノ、アルマジロは、現在では異節目に分類される。最後まで貧歯目とされたセンザンコウは現在では食肉目に近い仲間と考えられ、また同様に貧歯目とされたツチブタはアフリカ獣類とされたので、貧歯目は現在では属する動物がおらず使われていない。

(訳注16) ウマに似た動物として滑距《かっきょ》類、サイに似た動物として南蹄《なんてい》類が挙げられる。地理的に離れており、まったく

独立して類似した動物が進化した収斂現象の例である。

（訳注17）本書の英語版が出版された翌年の２００９年に、アルジェリピテクスが曲鼻猿類、つまり原猿の仲間である可能性を指摘する論文が発表された。

（訳注18）現在では、ラマピテクスはシバピテクスに含まれるとする意見が主流である。

（訳注19）ホモ・サピエンスの後頭骨とオランウータンの下顎骨を組み合わせて人為的につくられた偽物の化石であることがわかっている。

（訳注20）原著では *Praeanthropus afarensis* として、プレアントロプス属に含められている。研究者によっては、初期のアウストラロピテクス属を、プレアントロプス属として別属と考えている。

図の出典

図1
Mansell/Time & Life Pictures/Getty Images

図2
Spencer Platt/Getty Images

図4
Reprinted by permission from Macmillan Publishers Ltd (*Nature* 2001)

図5a
P. F. Hoffman (GSC)

図5b
Courtesy of Birger Rasmussen

図6
Professor Norman Pace

図7
Inspired by www.thebrain.mcgill.ca

図8
Dr Nick Butterfield

図9
Smithsonian Institution

図10
M. Alan Kazlev/Dorling Kindersley

図11
Science Photo Library/PPS 通信社

図13
Simon Powell, Bristol University

図14
Mike Coates

図15
Walter Myers

図16
John Sibbick

図17
John Sibbick

図18
From fig. 1, Y. G. Jin et al., *Science* 289: 432–36 (21 July 2000). Reprinted with permission from AAAS

図19
From Mike Benton, *Vertebrate Palaeontology*(3rd edn., Blackwell, Oxford, 2005)

図20
©Bettmann/Corbis/amanaimages

ま　行

な　行

は　行

た　行

さ 行

索　引

原著者紹介
Michael J. Benton（マイケル・J・ベントン）
英国の古生物学者．ブリストル大学地球科学部門古脊椎動物学教授．古生物や恐竜に関する子供向けの書籍から，古生物学のスタンダードテキストまで著書多数．

訳者紹介
鈴木　寿志（すずき・ひさし）
大谷大学文学部准教授．博士（理学）．専門は地球環境学，古生物学．訳書に『要説 地質年代』（京都大学学術出版会），共訳書に『澄江生物群化石図譜』（朝倉書店）などがある．

岸田　拓士（きしだ・たくし）
京都大学霊長類研究所研究員．博士（理学）．専門は進化生物学．共著書に『Evolution and Senses』（Springer）がある．

サイエンス・パレット 004
生命の歴史 ―― 進化と絶滅の 40 億年

平成 25 年 5 月 30 日　発　行

訳　者　鈴　木　寿　志
　　　　岸　田　拓　士

発行者　池　田　和　博

発行所　丸善出版株式会社
〒101-0051　東京都千代田区神田神保町二丁目17番
編 集：電 話(03)3512-3265／FAX(03)3512-3272
営 業：電 話(03)3512-3256／FAX(03)3512-3270
http://pub.maruzen.co.jp/

組版印刷・製本／大日本印刷株式会社

ISBN 978-4-621-08666-7 C0345　　Printed in Japan